放手的勇气

过度养育的代价与平衡法则

[美] 乔治·S. 格拉斯 George S. Glass
[美] 戴维·塔巴茨基 David Tabatsky
著

邢淑芬 赵容 译

The Overparenting Epidemic

Why Helicopter Parenting Is Bad for Your Kids...
and Dangerous for You, Too!

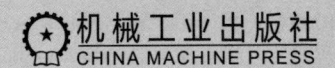

机械工业出版社
CHINA MACHINE PRESS

George S. Glass M.D., David Tabatsky. The Overparenting Epidemic: Why Helicopter Parenting Is Bad for Your Kids...and Dangerous for You, Too!

Copyright © 2014 by George S. Glass M.D. and David Tabatsky.

Simplified Chinese Translation Copyright © 2025 by China Machine Press.

Simplified Chinese translation rights arranged with Skyhorse Publishing through Andrew Nurnberg Associates International Limited. This edition is authorized for sale in the Chinese mainland (excluding Hong Kong SAR, Macao SAR and Taiwan).

No part of this book may be reproduced or transmitted in any form or by any means, electronic or mechanical, including photocopying, recording or any information storage and retrieval system, without permission, in writing, from the publisher.

All rights reserved.

本书中文简体字版由 Skyhorse Publishing 通过 Andrew Nurnberg Associates International Limited 授权机械工业出版社在中国大陆地区（不包括香港、澳门特别行政区及台湾地区）独家出版发行。未经出版者书面许可，不得以任何方式抄袭、复制或节录本书中的任何部分。

北京市版权局著作权合同登记 图字：01-2024-5095 号。

图书在版编目（CIP）数据

放手的勇气：过度养育的代价与平衡法则 /（美）乔治·S. 格拉斯（George S. Glass），（美）戴维·塔巴茨基（David Tabatsky）著；邢淑芬，赵容译. -- 北京：机械工业出版社，2025.7. -- ISBN 978-7-111-78839-3

I . G78

中国国家版本馆 CIP 数据核字第 202597Q5T2 号

机械工业出版社（北京市百万庄大街 22 号　邮政编码 100037）
策划编辑：欧阳智　　　　　　　　　　责任编辑：欧阳智
责任校对：孙明慧　李可意　景　飞　　责任印制：常天培
北京联兴盛业印刷股份有限公司印刷
2025 年 8 月第 1 版第 1 次印刷
147mm×210mm・8.25 印张・1 插页・148 千字
标准书号：ISBN 978-7-111-78839-3
定价：69.00 元

电话服务　　　　　　　　　　网络服务
客服电话：010-88361066　　　机 工 官 网：www.cmpbook.com
　　　　　010-88379833　　　机 工 官 博：weibo.com/cmp1952
　　　　　010-68326294　　　金 书 网：www.golden-book.com
封底无防伪标均为盗版　　　　机工教育服务网：www.cmpedu.com

"快速入门"指南

对于那些总是时间紧迫（我们所有人不都是这样吗）或者只是严重缺乏专注力（也许是过度养育造成的）的父母，我们建议你使用本书的简化版本。如果你的时间和耐心有限，我们推荐按以下顺序阅读。

免责声明：开个玩笑，没有一本书能考虑到每个孩子的特殊需求或每个家庭的具体情况。

引言：引言中的内容——"如果我们从不允许孩子犯错，他们就不太可能学会如何把事情做好"。这个开始让你觉得有道理吗？

第 1 章："过度养育是指某人不顾孩子的意愿和能力，过于努力地掌控孩子的生活结果，将自己的期望强加给孩子，而且这些期望往往是不恰当的。"

第 1 章："如何判断自己是否过度养育"——如果你对其中一

些描述回答"是",请找一把舒适的椅子坐下来并做好笔记。显然,你有很多东西要学。

第 2 章:"正念养育"——这是所有事情的关键。

第 2 章:"管理期望"——哦,天哪,我们谁不需要这方面的帮助呢?

第 3 章:"父母能力倾向测试"——同第 2 章。请将那把舒适的椅子准备好。

第 5 章:"过度养育对孩子的影响"——这应该会让所有父母都感到好奇。

第 6 章:"过度养育对父母的影响"——毕竟,这都是关于你的,不是吗?你正在思考这个问题……我敢肯定你在思考。说对了!这不是"关于你",而是"因为你"。这本书因你而存在!无论你是否准备好,请继续阅读。

免责声明

我们明白，有特殊需要的儿童的家长往往必须格外关注孩子的各种需求和状况，我们的一些评论和建议可能并不适用于他们的具体情况。我们还必须认识到，对大多数人来说，我们的孩子可能被我们自己视为"特殊需求儿童"，因为我们比任何人都更了解孩子的个人需求和独特情况，所以认为他们应该得到"特殊"甚至额外的关注或照顾，无论是在学校还是在医生那里。

例如，有些家长希望自己的孩子被诊断为患有注意缺陷多动障碍（ADHD），这样孩子就能在考试时获得额外的时间。还有些家长则倾向于将孩子的害羞归因于阿斯伯格综合征（Asperger's syndrome），这样他们就不必强迫孩子出去与同龄人交往。在给孩子贴上"有特殊需求"的标签或接受相关诊断之前，应该由该领域的专家对孩子进行评估，以真正了解孩子的情况，并确定最佳行动方案。

注释

　　书中部分人物的姓名、职业和地理位置均为合成画像，反映的是真实人物，但其具体身份已做保护处理。这些逸事式的引语来自作者进行的访谈和个人通信，或个人同侪团体、专业协会以及医患之间的保密交流。书中使用了化名，有些引语可能是由多个受访者的话语合成的。所有接受过访谈或与作者有过个人通信的人士名单见致谢部分。

译者序

当我国家长在家长群里为孩子手抄报的完美程度不断比拼，当美国的精英家庭为子女的大学申请简历堆砌第 18 个课外活动奖项，育儿场上正上演着前所未有的全球化内卷，陷入"过度养育"的困境中，孩子被裹挟进成长快车道，父母则在"为你好"的旗帜下将爱异化为永无止境的付出与控制，他们一直走在孩子前面，准备随时替孩子清除成长道路上的一切障碍。

近年来，在日常的家庭生活中我们总能看到这样的场景：父母为孩子规划好每一分钟的日程，为孩子打造"清单式的童年"；孩子遇到人际冲突和问题时，父母第一时间替他解决，不给孩子留有任何独立面对和解决的空间……由于受应试教育和劳动力市场竞争激烈的影响，父母的过度养育从个体选择演变为这个时代的集体症候，成为当代一个新的养育现象，我们课题组也一直关注父母的过度养育与子女发展的问题。遗憾的是，父母的过度养育存在一个悖论：为了确保孩子取得积极结果，父母实施过度养育，但是结果可能事与愿违。国内外大量的实证研究已经证实，不论多么充满爱与支持，过度养育对孩子的成长都是有负面影响的。著名的自我决定理论认为，人类具有三种与生俱来的需求，即自主需求、胜任需求和关系需求，其中自主需求是一个人健康成长和发展的核心。现在很多父母都在大声地抱怨孩子缺乏自驱力，缺乏学习和成长的内部动力，其实父母的过度养育对孩子最大的危害就是大大削弱了孩子自主性的发展。

这本书的出现恰逢其时，我们想让更多的中国父母认识到过度养育对孩子来说究竟意味着什么，这也是我们翻译这本书的初衷。本书开篇就向我们发出了"你是否正在过度养育"这一灵魂拷问，在我们对号入座后又为我们剖析了当今的养育为何变得如此艰难，过度养育为何发生的问题，最后也为我们提供了"管理期望""健康养育处方"等养育建议、方法供广大父母践行。本书的内容不仅有儿童养育层面的理论指导，还有作者的"现身说法"，他们从自己的成长经历或过往错误中体悟到养育的智慧——"作为父母，你的职责就是在孩子想倾诉、想被倾听时，随时准备、愿意并能够陪伴在孩子身边，既不对孩子进行评判，也不强迫孩子做出改变"。

书中详细列举了过度养育可能会对孩子产生的负面影响，在作者看来，各类的过度养育不仅会影响孩子的健康发展，也会对父母的自尊和自我价值产生影响。为了帮助父母清晰地意识到过度养育的代价，最大限度减轻过度养育的不利影响，作者引用了大量例证和生动的故事试图让我们明白他们写作这本书的真意："有时候，父母能做的最好的事情就是不插手，让孩子自己做出选择。"学会放手，是父母的必修课。

作为一名大学老师，每当我站在讲台上看到那一个个迷茫的、沉迷于手机的大学生时，我都会思考在培养孩子的过程中，究竟什么是最重要的。在后物质时代，父母要学会给孩子"深沉爱"和"智慧爱"，让孩子可以做自己，成为一个可以自我引导、自我决定和自我发展的成熟个体，让孩子做好独自前行的准备，而不是一味地为孩子铺平成长的道路。正如斯坦福大学前教务长朱莉·利思科特－海姆斯（Julie Lythcott-Haims）所说，让我们的孩子既"成年"又"成人"。

谨以此译作献给所有在养育之路上长途跋涉的父母，愿我们都能修炼出放手的勇气，见证生命原本就该拥有的翱翔姿态。当某天看见孩子独自穿越风雨的背影时，我们会懂得：真正的父母之爱，从来不在掌控的力度，而在放手的智慧。这或许就是养育最深刻的悖论：唯有父母退后成守望者的身影，才能让孩子迎来真正属于自己的人生。

邢淑芬
首都师范大学心理学院教授
2025 年 6 月

引 言

我们爱自己的孩子,希望给他们最好的——无论那是什么。我们想确保他们在这个世界上拥有一切成功的机会——无论我们如何定义成功。事实上,我们常常想尽一切办法,保证孩子有一切机会获得各种程度的成功。这意味着我们希望为他们提供条件,使他们能够与我们——他们的父母——相媲美,甚至超越我们,并突破他们成长过程中所熟悉的那种生活模式。

那么对于当今的父母来说,这又意味着什么呢?怎样才能保证我们成功地养育出新一代出色的孩子,让这个世界因为他们的存在而变得更加美好?由于没有明确的指南,如果父母想要有效地养育孩子,他们应该怎么做呢?遗憾的是,没有一所大学设有育儿系,教导年轻人掌握在21世纪育儿所需的技能。也没有类似实习育儿这样的东西,更没有类似实习教学的东西,而实习教学对于任何追求正规教育事业的人来说都是必不可少的。在美国，没有任何政府机构——无论是联邦、州还是地方的——要求新手父母积累任何有助于他们养育健康、安全和负责任的孩子的相关知识。而且，由于婴儿出生时并没有一本"用户手册"，我们作为父母最终学到的教训往往只有在我们有了养育孩子的经验之后才会变得清晰。当我们有能力向孩子传授养育经验时，他们往往已经长大成人，对听我们说自己哪里做得对或做得不对已经不那么感兴趣了。

正如我们的祖先在野兽密布、自然环境恶劣和词汇匮乏的充满敌意的世界中只能依靠自己求生一样，如今在充斥着恃强凌弱、致命的气候剧变、经济压力且信息过载的现代西方社会里，我们也只能靠自己生存。这些问题以及其他诸多问题影响着我们养育孩子的方式，但由于我们希望孩子能拥有最好的，又担心自己不竭尽全力就会出现最坏的情况，有时就会屈服于不合理且极端的行为。尽管我们的初衷是好的，也出于为孩子尽最大努力的合理愿望，但我们很容易陷入所谓的过度养育。

例如，我们当中有些人已经竭尽全力，甚至不惜动用关系，只为确保孩子在还未出生时就能被一所知名幼儿园录取。难以置信，但这是事实，而且这种情况发生的频率远超你的想象。这就好像顾问们与丘比特结成了同盟，在准父母们孕育生命时（至少在精神上）守候在旁，提醒他们若未先为孩子在最好的幼儿园谋得一席之地就贸然怀孕，将会面临怎样的风险。这种过早的焦虑常常促使父母们不择手段（当然不包括犯罪），只为确保孩子能拥有"最好的一切"。这可能包括让孩子参加那些被认为很高端的课外班和儿童社交活动，为孩子安排"有意义"或"有面子"的游戏日，用可疑的事实来充实孩子的简历，缠着教练为孩子争取在足球场上更多的上场时间，为十几岁的孩子谋取暑期工作和实习机会，给老师发邮件以求孩子能获得更好的成绩，花钱请顾问帮助孩子被"顶尖"学校录取，努力打通关系帮助孩子就业，帮助还是大学新生的孩子加入联谊会，孩子还未发育完全就为其选择不必要的整容手术，给孩子安排过多的家教课程，为孩子购买不适合其年龄的汽车，带孩子去过于奢华的地方度假，偷听孩子的电话，监控其电子邮件，在其车上安装电子追踪器。

这并非虚构。在上述这些例子中，太多父母都有过错，而且并非偶尔为之，而是常常如此，在孩子成长的每一个方面、每一个阶段都是如此。为什么在当今社会，我们所定义的过度养育行为——正如我们刚刚开始阐述的——常常被视为理想之举？如果父母在孩子还在子宫里时没有开始过度干预，那么在某些情况下，外部压力可能在孩子出生后就开始了。只要看看商店和网上有多少针对新生儿父母的视听产品就知道了。这些产品诱惑着他们，挑逗着他们，让他们觉得如果孩子看了爱因斯坦的视频，就能增加进入麻省理工学院的机会，或者如果尽早开始使用识字卡片（当然是全套的），就能避免养出一个脱掉尿布还不识字的孩子所带来的耻辱。

这是怎么回事？为什么一开始看似是支持孩子发展的行为，很快就变成了压力，甚至变成了破坏？打从一开始，真正的关心可能会变成溺爱,热切的关注也许会变成幼稚化对待。我们实际上是在损害孩子的长远发展,抑制他们的自尊心和自信心。

父母都希望孩子能过得最好,这完全可以理解,也一直是我们所有人的信条,而且应当永远如此。但凡事过犹不及,这种想法很容易让人陷入误区。这种误区始于那些一心要确保孩子无论如何都不能过上比自己差的生活的父母。而一流的教育——无论代价如何——往往被视为实现这一目标的入场券。

这些观念从何而来?当我们看到那些奉行某种高强度养育方式的父母时,有时会好奇是什么促使这种行为产生。这些过度紧张、过度专注的父母是从哪里得来理论来为自己的行为辩护的?他们又是如何获得自认为高深的儿童发展知识的,尤其是当他们中的大多数可能在任何层面上都不是育儿专家的时候?除了源源不断的免费建议,其中夹杂着朋友和祖父母的唠叨以及他们施加的内疚感,还有无数的育儿图书、育儿网站和社区研讨会,从产前辅导班开始,所有这些都由自封的专家提供,他们向父母承诺,如果照他们说的做,父母也会成为育儿专家。具有讽刺意味的是,这本书可能会让父母不再有成为"专家"的需求。

父母还会采取所谓的"成功定向培养"策略。这实际上就是积极评估孩子的天赋(这往往深受父母自身的喜好和偏见的影响),然后安排各种各样的休闲活动,并且在学校和其他场合持续为孩子出谋划策。

最后,父母会密切监视孩子生活的方方面面,从孩子呱呱坠地到进入青少年时期,有时甚至会进一步干涉孩子大学期间的生活，在某些情况下，这种监控会一直持续到孩子二十几岁甚至三十几岁，父母会竭尽全力让孩子考上研究生，甚至帮他们找到第一份工作。

尽管这些行为可能是出于好意，但其后果往往相当负面。我们认为，对孩子的生活过度干涉往往具有破坏性，不仅对孩子不利，对父母自身也有害。我们将在接下来的每一章中反复论证这一观点。希望我们也能帮助你了解如何克制过度养育的冲动，从而避免在这一过程中伤害孩子和自己。

我们不禁要问：如今的父母到底在害怕什么，以至于他们的行为如此不合理，却自认为理所当然？为什么父母认为自己的所作所为能让孩子变得完美——他们又为何认为应该以这个目标为追求？

科尔比学院英语教授、《夹在中间：以三种性别身份养育子女的回忆录》(*Stuck in the Middle with You: A Memoir of Parenting in Three Genders*) 一书的作者珍妮弗·芬尼·博伊兰（Jennifer Finney Boylan）说："如果我们从不允许孩子犯错，他们就不太可能学会如何把事情做好。"[1] 实际上，我们的孩子可能会变得畏首畏尾，害怕尝试任何未经父母批准的事情。我们真的希望孩子这样生活吗——如此深陷于我们的影响之下，以至于无法自由地探索自我？仿佛我们对他们受伤或失败的恐惧，让我们无法允许他们自己去尝试，去了解自己喜欢什么、不喜欢什么、能做什么、不能做什么。

孩子会长大成人，然后自己也会为人父母。这是不可避免的。就像《狮子王》里说的那样，生命的轮回就在我们身边上演，而作为父母，我们的职责就是让孩子做好离开巢穴的准备，赋予他们勇气、创造力和毅力，让他们不仅能在这个充满挑战的世界中生存下去，还能茁壮成长。外面的世界或许很大、很糟糕、很可怕，但也无疑充满令人兴奋和激动人心的无限可能。

说到害怕，每一个诚实的人都常常害怕自己不是好父母，或者至少不是足够好的父母。如果他们声称不是这样，那他们要么在撒谎，要么就是极其自私。当我们到了可以生育孩子的年纪，大多数人已经形成了自己的习惯，甚至开始了解自己，所以突然之间——实际上是在一夜之间——要面对帮助新生命，尤其是自己的孩子，发展他们自己的个性意识，表达他们独特的需求，这可能会给我们带来巨大的困难和不安，尽管孩子还无法用合乎逻辑的方式来传达这些突发奇想和愿望。

作为没有经验且充满焦虑的新手父母，我们中的许多人往往会过度补偿。结果就是正如我们所说的，过度养育可能会从怀孕期间就开始，而且可能会随着时间的推移而加剧，因为新手父母会受到各种信息的冲击，告诉他们应该做什么和不应该做什么，从如何确保优生优育到为未来进入名人堂或成为《财富》世界500强的一员奠定基础。

避开这些危险！购买此产品！吃肉！别吃肉！像这样锻炼！别那样锻炼！多喝水！少喝水！让宝宝哭！别让宝宝哭！关于要避免使用哪些产品、购买哪些食物、做什么运动、读什么书，以促进孩子最佳发展，这样的文献数不胜数。甚至在本应是满怀期待迎接共同育儿的美好放松的孕期，所有这些建议和不必要的广告，也能将这快乐的亲子时光变成长达9个月的、焦虑重重的障碍赛，充斥着不必要购买的东西和要规避的风险。

然后，孩子一出生，对其安全的担忧就占据了中心位置，全天候的监护就开始了。作为父母，我们自己甚至没有意识到，我们也在像老鹰一样密切注视着孩子的每一个举动——孩子没有机会独自去尝试和玩耍。他们的每一个动作都会被评头论足，每一个表情都会引发担忧或兴奋，每一次排的便都成了分析的对象。即便我们不能和孩子身处同一房间，我们也会安装监控器来提醒我们注意孩子的一呼一吸、一言一行。我们营造出一种错觉，以为自己能够掌控一切，保护孩子免受一切伤害！这种保护和控制的努力是所有好父母都会做的，但很快我们就会发现，这种过度介入的行为会迅速成为我们为人父母的"基因"。有些请了保姆的父母会安装视频设备（有时被称为"保姆摄像头"），以秘密监视保姆的行为。安全、管理和控制被视为良好、有效甚至完美育儿的关键所在。

当初生婴儿迈出人生第一步，宣告其独立性萌芽时，新手父母对孩子的这种过度关注仍在继续。孩子迈出第一步时，有些父母会更加紧张，随时准备在孩子稍有不稳时冲上去，确保孩子不会撞到墙上或从楼梯上摔下来。父母担心孩子的安全是理所当然的，但很多父母在不知不觉中，因过度担忧孩子的安危而抑制了孩子刚刚萌芽的自主性，仿佛孩子一旦摔倒在地就会摔坏似的。当然，孩子会跌倒——一次又一次地跌倒——而且跌得非常精彩！我们所有人都会这样！我们每个人在学习新事物的初期都会经历失败，这是很自然的，也是意料之中的。从第一次尝试把食物送进嘴里到解开科学之谜，从错误中学习是所有教育的基础。反复试验，这个了解周围世界和自身的神奇过程，从出生那一刻起就开始了，而且永远不会结束。在这一过程中，可能会出现混乱无序的情况，有时甚至令人抓狂地沮丧，但每个人，即便是那些含着金汤匙出生的人，也必须经历生活带来的种种磨难，并最终学会如何战胜生活中的挑战。

正是这种为生存和适应而进行的抗争造就了如今的我们！这是我们成长为一个完整的人和发现生命之美的关键所在。那么，为什么在这个时代，有那么多父母认为他们能够——而且应该——保护孩子免受失败的困扰呢？这样做，他们剥夺了孩子（无论年龄大小）通过自己解决问题所带来的必然满足感。那个蹒跚学步时跌倒就会被过度保护的孩子，可能会在二三十岁的时候还不会自己解决问题，每次遇到不顺心的事就给父母打电话求助。生活中难免会有不如意，难道我们真的需要一个成人没有问题解决能力、缺乏独立自主能力的社会吗？这种过度保护只会导致更多的孩子缺乏自信和自尊，因为他们从未真正学会照顾自己！

面对来自麦迪逊大道㊀（Madison Avenue）、育儿专家、儿童书籍、玩具制造商以及越来越多致力于让你"最大化孩子的机会"和"正确养育"网站的铺天盖地的宣传，难怪如今有这么多父母压力这么大，进而过度保护孩子，也就是过度养育，他们用

㊀ 美国纽约著名的商业街，以广告业发达著称。——译者注

力过猛、操之过急、态度过激，本质上是从恐惧、不安和焦虑的角度来养育孩子。

有人认为过度养育是阶层问题，是近来才出现的现象，只影响那些闲暇时间过多且在竞争激烈的环境中极度渴望成功的父母。也有人认为这只是独生子女现象，父母每隔五分钟就给新生儿拍张照片，一直到孩子大一住进宿舍还强迫孩子摆姿势拍照。这是个典型的情况，每个独生子女都意味着相册和视频库满满当当，记录着每一次打嗝、每一次磕碰、每一次棒球比赛，但等到父母迎来第四个或第五个孩子，他们可能就只拍一张匆忙的出生照，孩子高中毕业时再用手机抓拍一张照片。也许吧。但本书中所探讨的过度养育行为并非仅仅由收入、文化或教育水平来界定。过度养育中的许多科学依据以及不可避免的荒唐之处跨越了这些界限。

这当然并非美国独有的现象。中国实行过独生子女政策，所以父母们过度关注自己唯一的子女也就不足为奇了。另外，想想以色列或美国的现代正统犹太家庭，他们的文化鼓励生育至少八个或九个孩子的大家庭。令人惊讶的是，那些父母竟能始终记得孩子们的名字。他们大概没多少机会做出过度养育的行为。

如今，父母们在养育子女的过程中要承受身体、情感和心理上的种种挫折，这确实是个充满挑战的时代。许多父母做得非常出色，我们都应该向他们学习。还有一些父母则在苦苦挣扎，只是需要一点儿指导和鼓励。但也有不少父母——实际上太多了——在给孩子提供解决问题的策略时迷失了方向，忽视了这些策略应培养孩子的心理韧性，并为孩子提供一条清晰的成长道路。相反，他们给孩子的是金钱、药物和家教，如果事情进展不顺利，他们就束手无策了。他们总是随心所欲，要么欺负要么操纵那些他们认为阻碍其达成所求结果的人。

其实有更好的办法。

目录

"快速入门"指南
免责声明
译者序
引　言

第1章　你是否正在过度养育 /1
如何判断自己是否过度养育 / 6
父母的颜色编码 / 9
养育原型 / 11
抓住还是放手 / 42
减少保护，加强沟通 / 44

第2章　为什么21世纪的养育如此艰难 /46
当每个人都在告诉你应该期待什么时，你该期待什么 / 48

过度养育是如何开始的 / 51
养育简史 / 52
儿童心理学 / 55
斯波克谈话 / 56
20 世纪 60 年代的儿童 / 57
养育范式的转变 / 59
谁照顾家庭 / 62
在当今社会培养全球化儿童 / 63
三大教养方式 / 65
正念养育 / 66
家校共育 / 68
禁止玩球 / 71
这到底是谁的教育 / 73
管理期望 / 75
过度养育还是纯粹愚蠢 / 77
道德之路分岔了 / 81

第3章 过度养育是如何发生的 / 83

定义成功 / 86
伊始 / 88
小心：内有易碎品 / 89
测试！测试！测试！ / 91
父母能力倾向测试 / 93
父母能力倾向测试答案 / 95
能力与毅力 / 96
从玩伴日到学前班：过多的课程项目 / 97
安排活动还是休息放松 / 98
但如果不是这样呢 / 100
我必须戴头盔上床睡觉吗 / 102

电子战争 / 103
哪些父母最容易过度养育 / 105
给离婚父母的警告 / 112
沟通的隔阂可能导致过度养育 / 114
你真正在帮助谁 / 115
克服困难 / 116

第4章　孩子的苦与乐 /119

喜欢与否 / 122
成绩并非一切 / 124
电子产品的诅咒与拇指之战 / 128
过度使用智能手机可能让孩子更刻薄 / 130
自由玩耍的挑战 / 132
欺凌：界定我们作为父母的角色 / 135
"我本可以成为孔滕托" / 139
拾球游戏怎么样了 / 142
胜利之光来救场 / 146
不是每个人都能打四分卫 / 149

第5章　过度养育如何影响孩子和你自己 /151

密集型养育 / 153
过度养育等式：孩子和你的因果效应 / 155
过度养育 = 缺乏信任 / 160
过度养育 = 生活技能不足 / 161
过度养育 = 恐惧失败 / 164
过度养育 = 降低自尊 / 165
过度养育 = 特权感 / 169
过度养育 = 减少创造力 / 170

过度养育 = 不负责任且不愿承担责任的年轻人 / 173
过度养育 = 不良的榜样示范 / 174
过度养育 = 无能的孩子 / 175
过度养育 = 加剧焦虑 / 178
过度养育 = 损伤心理韧性 / 180
过度养育也会影响你吗 / 181
你的孩子是哪一种类型 / 183

第6章　过度养育的"长臂" /188

科技陷阱 / 189
东方与西方 / 195
考虑聘请独立的大学升学顾问 / 197
当父母无法放手时 / 201
过度养育对大学毕业生的影响 / 204
过度养育对父母的影响 / 206
选择不同的道路 / 207

第7章　向前看并学会放手 /210

你到底在寻求谁的成功 / 212
镜中世界：乔治·克拉斯医学博士的个人笔记 / 215
健康养育的处方 / 218
塔巴茨基档案中的一个警示故事 / 219
居家爸爸的涓滴效应 / 220
孩子们真正希望父母对他们做什么 / 222
养育悖论 / 224

致　谢 / 226
术语表 / 229
注　释 / 231

The Overparenting
Epidemic

第1章

你是否正在过度养育

山姆回忆起自己在新泽西州中部的成长经历时说："五十多年前，当我还是个孩子的时候，除了需要按时回家吃饭，其他时间都属于我自己。我可以和朋友们四处奔跑，在房间里做'实验'，或者骑着自行车去镇上的运动场打球——春夏季节打棒球，秋冬季节打橄榄球。偶尔也会有人打电话给我的父母，告诉他们看到我骑车闯红灯，或者报告我捣乱，比如向汽车扔番茄或者给药店打电话问是否有罐装阿尔伯特亲王⊖。据我所知，我的童年与我的父母以及他们的父母的童年相似，简单、真实而不复杂。"

如今，在美国的一些小镇和社区，比如华盛顿州西雅图附近的班布里奇岛、密歇根州上半岛的兰斯以及马萨诸塞州的科德角等地，孩子们仍然过着那样的生活。他们的父母没有为他们安排课后活动。这里的孩子放学回家后会玩上几个小时，几十年来一直如此。孩子们基本上没有人看管，被允许自由成长，自己想办法生存，独立思考。这意味着他们

⊖ 一种烟草品牌。——译者注

可以享受到从无到有创造东西所带来的纯粹快乐，以及在很大程度上学会如何自己处理错误和麻烦。在这样的地方，人们的生活可以完全脱离快车道，父母一般不会担心孩子的福祉，不会试图管理孩子参与的每项活动，也不会不断给孩子发短信以掌握他们的行踪。他们尊重孩子的自主性，让孩子带着孩子的特性自由地长大，这种成长过程能使其在成年后仍能在私人空间里保持自主。太神奇了！这难道是因为住在农村的父母比大城市的父母更容易应对生活吗？也许是，也许不是。草木常青翠，生命亦如斯。

谈到为人父母，我们都有起起落落，会遇到顺境，也会遇到逆境，会拥有骄傲的时刻，也会拥有沮丧的时刻。尽管我们之间存在文化、经济、年龄、性别、教育等多方面的差异，但我们都有一个共同点，那就是过度养育。我们都犯过错，因为我们或多或少都曾为孩子做过一些我们自认为正确的事情，虽然初衷是好的，但我们所做之事常常会事与愿违。

现代社会过度养育的陷阱和弊端基本上是无法避免的，尤其是有了手机之后。有了它，我们可以随时随地掌握孩子们的动向。如果我们给孩子发邮件、发短信或打电话（或三者兼而有之）时，他们没有回应，就会给我们带来可怕的焦虑，还会让孩子觉得自己被过度保护和不被尊重，而且很多时候这种焦虑是毫无必要的。这是一个很好的例子，说明我们对孩子安全的担忧可能会变成对控制的需求，随着孩子长大，这种情况可能会适得其反。过度养育也可能源于父母巨大的压力，他们必须确保自己做的事情是正确的，这样他们的孩子才会成功。这种压力会导致过度安排时间、过度表扬、过度辅导以及对生活本身的过度紧张。

我们所说的"过度养育"涵盖了父母参与的广泛领域。有时候，我们感到需要介入，无论是在孩子确实需要帮助时，还是想要让自己的孩子比其他人更占优势时。也许你并不总能分辨出两者的区别，因此需要一个定义：

> 过度养育是指某人不顾孩子的意愿和能力，过于努力地掌控孩子的生活结果，将自己的期望强加给孩子，而且这些期望往往是不恰当的。

听起来熟悉吗？等等，还有更多内容：

> 当父母通过破坏教师或教练权威，或以非正常方式试图操纵可能会给孩子提供健康和富有成效的生活挑战机会的机构，来削弱孩子正在发展中的独立性时，他们便越界了。

老实说，我们还没说完：

过度养育会损害孩子应对困难和失败的能力，会阻碍孩子自尊心和自信心的发展，还会让孩子产生一种扭曲的权利感和不合理的期望。最终，这会让父母产生一种失败感，特别是当他们试图通过操纵和策划来实现成功，结果却未能如愿时。

虽然以上这些行为可能并不适用于你，但其中有些一定是你再熟悉不过的了，要么亲身经历过，要么亲眼看见过。事实上，无论我们多么勤奋和深思熟虑，养育孩子过程中所面临的陷阱和压力都是难以避免的，其中包括每天都有可能过度养育我们最珍贵的财产：我们的孩子。

等等！前面那句话有什么问题吗？其实很简单。虽然有时我们会觉得孩子是我们最珍贵的财产，但他们实际上并不是你的财产或战利品，就像配偶不属于对方所有一样。

你的孩子不是你的财产。

请立即明确这一点，因为这对你能否养育一个健康、快乐、有作为的世界公民至关重要。你的孩子，除了和你一起孕育他的人之外，可能是你生命中最重要、最爱的人，这是好事，也是应该的。但我们需要停下来，这是 21 世纪的美国，你的孩子不属于你，就像你的丈夫或妻子不属于你一样。

你必须认识到，虽然孩子或多或少得到了你的支持，这当然取决于孩子的年龄，但作为父母，你工作的一个重要部分是要教授孩子如何独立，从他迈出第一步开始。然后，当孩子实现独立后，你必须放手让孩子去做。但这对许多父母来说很困难，尤其是那些把放手与不够爱孩子混为一谈的人。如果这些父母能有一个简单的方法来确定自己的过度养育水平，或许会有所帮助。没有一点儿外界的帮助，没有客观视角来明晰我们的长处和短处，我们几乎不可能评估自己的行为，因此本书的作者们设计了一个测试，供你用来评估自己的行为。

如何判断自己是否过度养育

通过这一系列简短的选择题，你可以清楚地判断自己是否过度养育。提示：没有完美的答案！因为并不总是有一个"正确"的答案适用于每一位家长、每一个孩子和每一种情况，所以你必须确定什么是适合你和你的家庭的。如果你不确定的话，请继续往下读，这本书应该能帮你解决一些问题。

1. 你是否会为了照顾孩子而牺牲自己的社交需求？
    A. 有时会。
    B. 一直都是。
    C. 很少。

D. 我没有自己的社交需求，即使有，也是围绕着孩子的日程安排。

2. 你的幸福和自我价值是否只与孩子联系在一起？

   A. 有时是，但所有父母不都是这样吗？

   B. 这取决于我的生活中还发生了什么，让我看下日程表。

   C. 不，绝对不是。

   D. 是的，虽然很难承认，但只要我的孩子不开心，我也无法感到快乐。

3. 你多久为孩子做一次幼儿园作业？

   A. 从不做。

   B. 经常，尤其是在深夜还没做完的情况下。

   C. 总是，我们不是应该这样做吗？

   D. 有时，如果他要求，我会指导。

4. 如果孩子三年级的科学作业看起来比不上其他孩子由父母代劳的作业，你会感到难过吗？

   A. 不怎么会。

   B. 当然会！这很丢人，别人会认为我是个不称职的家长。

   C. 有时会，尤其是如果老师倾向于奖励那些父母帮助过的孩子。

   D. 不，只要我的孩子不在乎，我就无所谓。

5. 如果你的孩子没有被心仪的大学录取，这是谁的错？

   A. 高中，尤其是指导顾问。

   B. 大学，因为它没有认识到我孩子的天赋。

C. 没有人有错。

D. 美国大学理事会，因为它让这些考试变得如此重要！

6. 如果你九年级的孩子在学业上有困难，应该怎么办？

A. 转学。

B. 给学校打电话，要求换老师。

C. 鼓励孩子与老师沟通。

D. 这不可能，我的孩子是个天才，只是他们没有正确地对他进行测试。

7. 在校期间，你应该多长时间给孩子发一次短信？

A. 只有当我真的很想他的时候。

B. 两三次，但不要在午餐时间，我想让他吃饭！

C. 从不。

D. 和孩子相处是双向的，我喜欢他每天主动给我们发短信。

8. 如果你7岁的孩子在操场上受到欺负，你首先会怎么做？

A. 放学后与欺凌者的父母对质。

B. 与孩子谈谈，了解他的想法。

C. 把欺凌者揍一顿，然后再问问题。

D. 询问值班老师发生了什么、为什么会发生以及如何制止。

9. 你允许孩子有多少休息时间？

A. 没有。这个世界竞争激烈，没有时间了。

B. 休息时间意味着只能上社区大学，而不是常春藤名校，所以没有。

C. 给他一根棍子,去后院玩吧。

D. 我确保我的孩子每天都有放松的时间。

10. 如果你的孩子大学毕业后找不到工作,你会怎么做?

A. 打电话给同事,帮他找一份工作。

B. 给他零花钱,告诉他不要担心。

C. 和他一起去参加工作面试,努力达成协议。

D. 为他提供90天的家庭治疗。

11. 你还会为你26岁的孩子支付手机话费吗?

A. 否则他怎么能享受家庭计划的折扣优惠呢?

B. 这是我知道的唯一能让他给我打电话的方法。

C. 不支付,他可以自己付钱和任何人通话。

D. 我已经这么做了很多年了,我为什么要改变一件好事呢?

父母的颜色编码

借鉴美国运输安全管理局(Transportation Security Administration,TSA)曾经用来标识特定恐怖主义威胁级别并宣布相应行动方案的颜色编码系统,在得克萨斯州一所学校的心理咨询师的建议下,我们也可以使用这个系统来划分父母行为的不同层次,根据从完全健康到不太健康,再到病态和极需紧急就医或接受精神治疗的程度进行区分。几乎每位家长都会根据孩子的不同情况，在孩子生命中的不同时期游走于绿色、黄色、橙色和红色区域之间。有些家长似乎总是处于危机状态，对他们来说，任何事情都会引起他们的警觉，只要这个事情对孩子的成功构成潜在威胁。与 TSA 的系统类似，这些颜色可以较为合理地评估过度养育水平，从关心和支持到担忧和困惑，再到绝望和失控。

- 绿色：父母充满自信和关爱，能够培养子女的适应能力、独立性和自主意识。
- 黄色：这时，关爱变成了控制，忧心忡忡的父母开始积极干预，试图影响结果。
- 橙色：当父母变得焦虑时，他们会变得有控制欲，甚至控制欲更强，试图掌控学校、老师和任何他们能接触到的人。在这些时候，父母往往会呈现出刻薄、令人生厌的样子。
- 红色：此时父母的行为已经完全失控。真正的危机出现时可能需要极端的反应，比如当孩子的生存受到威胁时，但我们经常看到父母在完全没有必要的情况下也会做出这种行为。当父母失去控制，变得"疯狂"时，就会对孩子以及亲子关系造成破坏性的影响。

你的过度养育程度会根据你的焦虑情绪、智力水平、自控力、推理能力、谨慎性和所感受到的威胁程度而发生变化。关于父母的参与程度和行为在多大程度上被认为是合适的，这一话题近几十年来已经被广泛讨论。

据《纽约时报》(New York Times)报道,加利福尼亚大学伯克利分校的临床和发展心理学家黛安娜·鲍姆林德(Diana Baumrind)发现,"最理想的父母是参与其中、积极响应,对孩子寄予厚望但又尊重孩子自主权的父母"。[1]

像这样积极参与的父母定义了"控制"可以达到的最佳状态,即关爱、管教和尊重的理想平衡。他们的孩子在学业和社交方面会得到良好发展,而那些放任自流、参与度不高,或者控制欲太强的父母的孩子则不然。

找到最佳平衡是一项挑战,这取决于很多因素。但是,有许多警示信号可以帮助你识别自己是否过度养育。

养育原型

为了充分理解定义过度养育的各种行为和人格特质,我们需要确定这些原型是什么样的,他们会做什么,以及为什么这样做。显然,我们不可能列出所有的原型,因为即使是莎士比亚也不可能在任何一部戏剧中囊括社会中的所有原型,但下面的角色应该可以帮助你判断自己属于哪一类。虽然其中有些原型可能会有部分重叠,但我们还是把他们分成了五个不同的类别:守护天使、A型人格、朋友、制造者和附属品。请记住,大多数家长可能会同时符合几个类别,就像没有一个尺码适合所有人一样,一个人也不可能只体现一种原型。

守护天使

这些父母永远在孩子身边徘徊,面对可能发生的任何事情,随时准备插手保护或协助孩子。

> **保护者**
>
> **他们是谁** 就像谈判者和干涉者一样,这些父母担心孩子会受伤、失望,甚至更糟糕的是,在某件事情上失败。基于这种考虑,他们几乎愿意做任何事情来保护孩子免受这种结果的影响。他们甚至会撒谎、操纵和掩盖真相,这样孩子就不必承担相应的行为后果。
>
> **他们做什么** 保护者通常只是倾听孩子对所发生事件的描述,对故事信以为真,然后便会进入防御或攻击模式。这时,家长会试图保护孩子,使其免受自己的不良行为所带来的后果的影响。即使孩子的说法是错误的,对所发生的事情的看法是扭曲的(如果孩子"捏造"事实的话,通常就是这种情况),保护者也会采取行动。他可能会找到学校领导,告诉他孩子说了什么,以及老师不好,老师做错了什么导致孩子做出不当行为并受到不公平的负面影响。保护者通常会相信年幼的孩子,而不是教师和学校的专业报告。

为什么 如果家长对自己在这个世界上的地位抱有一种自以为是的态度，他们可能就会回避深入了解学校或教师的立场。他们还可能不信任学校或与孩子有关的系统，并会迅速地对与该系统有关的任何事物进行指责或挑毛病。他们往往更容易相信孩子的话，认为孩子是对的，并让其他人来解决问题。这样一来，保护者就和指责者一样，不用为孩子的行为和自己无效的教养方式负责。这样做还能从正面保护孩子，不会让孩子感到不安，这对选择这种行为的父母来说非常重要。

例子 艾丽西亚是美国中西部一位有两个孩子的母亲，她刚搬到一个新社区，并让孩子在当地的中学上学。她的儿子丹尼不喜欢新学校，经常对其他孩子和老师发脾气。当老师联系艾丽西亚描述丹尼的行为时，艾丽西亚感到非常尴尬，她没有道歉，没有寻找解决办法，也没有试图了解儿子到底发生了什么，而是摆出一副防御的架势，把矛头指向其他孩子和老师。第二天，她没有和儿子就此事进行任何讨论，就冲进学校，要求把丹尼调到别的班级。

超级保护者

他们是谁 这些父母看似"正常"，在为人父母之初，他们对孩子的安全也只是一般程度的担心，但很快他们就会处处为孩子出谋划策，实质上是在试图保护孩子免受一切潜在的生活风险。

他们做什么　就像干涉者和微观管理者[一]一样，超级保护者在很多情况下都会反应过度，通常在事情发生之前，他们就会试图阻止孩子参加童年时期的常规活动，例如乘坐校车、在当地游乐场玩耍和在别的小伙伴家过夜，等等。

为什么　超级保护者环顾四周，只看到世界的不稳定和潜在风险。这种行为通常是由其他孩子身上发生的创伤事件或媒体报道的其他地方发生的相关事件引发的，这让这些父母感到紧张。他们还可能试图不切实际地停留在孩子生命的最初阶段，那时孩子基本上什么都依赖父母，父母陶醉在被需要的感觉中。

例子　莫和贝特住在马里兰州巴尔的摩市的一个郊区，那里多年来犯罪频发。不过，莫和贝特并不是住在《火线》的片场。他们的孩子就读于一所私立学校，社区也相当安全。但莫和贝特却不敢放松警惕，他们雇了一名司机——实际上就像一个保镖一样——主要负责护送孩子上下学，以及看护孩子的每一次游戏日、过夜和体育活动。比赛时，这位"司机"甚至会坐在

[一] 通常指那些事必躬亲，连一些鸡毛蒜皮的小事情都要指导员工如何完成的上司。——译者注

女儿篮球队的板凳上。这种持续的监视和看管在莫和贝特以及他们的孩子之间造成了可怕的裂痕。

干涉者

他们是谁 他们与谈判者有关,因为当孩子与老师、教练或家教发生冲突时,他们会试图代表孩子去交涉。不幸的是,他们往往在没有充分了解的情况下,就贸然插手并提出要求,包括在他们介入的事件中轻信孩子的一面之词,认为已经发生了什么或没有发生什么。

他们做什么 这些家长就像谈判专家一样,总是忍不住插手孩子的事务。干涉者经常会溜进孩子的学校,操控局面或为孩子出谋划策,但他们不想让孩子知道他们曾试图干预,这种行为催生了"隐形父母"一词。即使孩子不高兴了,告诉父母不要干预,或者他们会自己解决问题,这些父母还是会这么做,因为他们就是控制不住自己,并认为这才是"好父母"该做的,或者因为他们知道孩子不会像父母那样擅于表达自己。

为什么 这些家长之所以干涉,往往是因为如果孩子在对他们有意义的事情上与老师或教练持不同意见的话,会"害怕报复"。干涉者不是鼓励和支持孩子站出来为自己说话,而是选择代表孩子进行沟通,从而剥夺了他们成为自信的问题解决者和高效的谈判者的机会，而这些正是他们需要培养的生活技能。这并不一定意味着父母永远都不应该干涉，但他们应该给孩子一个机会，让他们先尝试自己解决这个问题。

例子 来自密歇根州兰辛市的丹是三个孩子的父亲，他很担心最小的孩子安杰尔，安杰尔喜欢打鼓，但并不擅长把握节拍。她希望有一天能加入中学的爵士乐队，但包括安杰尔在内的所有人都很清楚，她还需要更多的练习，才能与其他同学一起公开演奏。尽管安杰尔以幽默的态度看待自己遇到的困难，但丹觉得学校的音乐老师应该主动联系她。事实上，尽管安杰尔不愿意，丹还是向音乐老师施压，让他为安杰尔举行一次试演。这让安杰尔和音乐老师都陷入了尴尬而痛苦的境地。遗憾的是，不久安杰尔就完全放弃了打鼓。

焦虑制造者

他们是谁 这就是我们随处可见的父母，他们不停地打电话、发短信，不停地看手表以确保自己准时，不会错过任何关于孩子的活动或联系。如果孩子年幼，他们走到哪里都会牵着孩子的手，仿佛一阵风就能把孩子吹走，再也找不到。

他们做什么 焦虑型父母——我们大多数人有时都属于这一类——通常不会允许年幼的孩子在没有大人在

身边陪伴的情况下使用适合他们年龄的游乐场设备。一些家长甚至会在幼儿园或低年级的孩子身上安装跟踪器，以防他们发生意外。他们会以孩子"年龄太小"或"可能会出事"为由，阻止青少年在没有父母监护的情况下与朋友外出，即使是去电影院或商场这类比较安全的地方。一些父母竟然会在十七八岁的孩子去朋友家玩时对他们进行核实。还有些家长甚至会在孩子的汽车上安装跟踪器，他们可能会每小时打一次电话，查看孩子的情况，用短信狂轰滥炸，或者联系其他孩子的父母，看看他们在干什么。

为什么 这些父母可能本身就高度焦虑，这导致他们反应过度，尤其是在涉及孩子时。他们的焦虑往往会导致孩子在没有理由的情况下也变得焦虑不安，并使孩子变得不信任自己和他人，就像其父母在行为上表现出来的一样。

例子 琼的女儿正在读高中最后一年，琼非常焦虑，担心女儿无法进入自己心仪的大学。她每周都会给指导顾问打两三次电话，让辅导员提醒有关大学注意她的女儿，但她却没有花太多时间确保女儿做作业，而这对她能否进入大学有着更重要的影响。琼还担心，如果女儿落选今年的返校日皇后，她的自尊心会受到打击。

A型人格

这些父母在生活的各个方面都被驱动前进,他们的家庭生活和与子女的相处只是其中的一部分。

高成就者

他们是谁　高成就者通常是一位受过高等教育、受过专业训练的母亲,她辞去了工作,全职致力于养育孩子,像激光一样聚焦于她唯一的孩子身上,因为她觉得自己"仅有一次机会把事情做对或做得完美"。由于她自己已经取得了非凡成就(她认为自己放弃了这些成就来抚养孩子),因此对孩子的学业成绩抱有极高的期望。如果孩子并不像家长认为的那样有天赋,或者没有达到家长觉得他们至少应该具备的水平,那么对于高成就者和其孩子来说,这就变得尤为艰难。

他们做什么　这些家长会让孩子参加多达五次的标准化考试,如学术评估测试预考(PSAT),以取得更好的成绩。这些家长坚信,这种逼迫会让他们的孩子在学业上更上一层楼。这些家长通常希望孩子能上他们为孩子选定的大学,并把孩子的申请过程引向这个方向,而不是认真考虑什么才是适合孩子的,甚至不考虑孩子可能想要什么。当指导顾问问高成就者的孩子想上哪所大学时,他的回答往往是:"我妈妈认为我应该去……"

为什么 这些家长渴望在养育孩子方面取得成功,就像他们在工作中一样,他们的成功是以孩子的表现来衡量的。如果孩子在任何一项他们认为重要的活动中表现不佳,无论是在课堂上、赛场上还是在音乐厅里,他们都会感到为人父母的不足。他们认为,甚至可能宣称,他们的孩子很特别,比其他孩子更聪明。正因为如此,他们总是逼迫孩子,以确保他们的说法不会被证明是错误的。他们选择退出自己的职业生涯,日后将其视为"自己做出的牺牲",这些父母的生活显然有一个空洞需要填补,而他们却经常错误地试图通过对孩子寄予不合理的期望来填补这个空洞。

例子 米米自认是一个直升机妈妈,受过良好教育,曾是一名成功的企业高管,后来为了照顾独生女辛迪而停止了工作。她立即开始管理女儿的所有活动,安排她的生活,仿佛她是女儿的上司而不是母亲。没过多久,米米就对辛迪的第一任老师吹毛求疵,并在一次家长会上当着辛迪的面对这位老师大发雷霆。在没有了自己的事业挑战的情况下,米米把辛迪的生活当成了一家小型公司来经营。

控制者

他们是谁 这些父母与微观管理者是"近亲",他们往往承认自己是"控制狂",并以此为荣,在关注孩子的问题上,他们并不一定认为这是一件坏事。

他们做什么 当孩子面临选择时,这些父母会告诉孩子该做什么,而不是指导和教导他们应对和选择的方法。他们坚持替孩子做出大部分决定,如学校科目的学习、穿衣打扮、交朋友、作文的写作,以及申请和就读哪所大学。在某些情况下,这种控制欲还会导致父母限制孩子的活动、交友和出行方式。甚至在孩子很小的时候,控制欲强的父母会不断地对他们下达指令,即使是在公共场所也是如此,但通常是从远处指挥,以进一步确保孩子会照做。换句话说,孩子听到的通常是"别碰那个""坐下""离那个女士远点儿"或"别碰那个"(一遍又一遍)。

为什么 控制狂为什么是控制狂?问得好。有些人很难相信自己,因此他们也无法信任自己的孩子或生活中的大多数其他人。还有一些人可能之前经历过特别令人不快的事件或损失,这让他们下定决心,如果他们能管理好生活的方方面面,就不会再发生这样令人不快的事情了。还有一些人对孩子有控制欲,是因为他们的父母在童年时期忽视了他们。因此,他们想通过成为超级父母,来消除这种经历的影响。当然,他们经常会过度补偿。

例子　来自纽约的九年级学生家长黛安娜要求与校方的所有人进行会面，包括教师、行政人员和专家，因为根据网上发布的每日报告，她的女儿没有做家庭作业。黛安娜带着女儿的家庭教师与十二名教师和工作人员一起参加了会议。家庭教师提出了整个议程，要求学校承担责任，而不是黛安娜的女儿，黛安娜一言不发。她的女儿也没有说什么，因为她深知，即使她没有做作业，妈妈也会救她。这是一个对孩子管教不足、对学校干涉过度的绝佳例子。

谈判者

他们是谁　不出所料，这些父母认为他们生活中的一切以及他们孩子的生活都是可以谈判的。这意味着他们害怕或不愿意让孩子面对困境或承担他们行为的后果。因此，他们会为自己的孩子进行谈判，认为这是在帮助孩子。

他们做什么　这些家长经常在没有预约的情况下前往学校办公室，试图协商更改孩子的课表，选择新老师，要求给孩子打更高的分数，甚至影响老师为孩子写的推荐信。他们向教育机构提出这样的要求，不仅损害了学校管理者和教师有效开展工作的能力，而且这种行为还会让孩子认为世界上没有绝对的规则，规则就是用来打破的。这些家长的行为就好像他们想要给孩子的任何东西都可以通过谈判来得到，这让孩子觉得父母是无所不能的，也会削弱孩子学习做事和照顾自己的能力和动机。

为什么 这种行为经常发生，不一定是由孩子的抱怨引起的。家长进行干预可能仅仅是因为他们不高兴或觉得孩子的情况需要改善。他们认为，为孩子铺平道路并取得最佳效果，不仅是他们的义务，甚至可以说是他们的权利。

例子 琼是一位来自美国南方腹地的雄心勃勃的企业家，习惯于就孩子的家庭作业与老师对峙，抱怨写作业的时间太长，没有给孩子留出足够的时间去履行社会义务。她为自己的孩子找借口，试图引起老师的同情，最后往往要求老师做出让步，尽管她的孩子并没有严重的健康问题，也没有因为繁重的家庭负担而无法完成作业。当老师不同意琼的要求时，琼会直接去校长办公室请求支持。

微观管理者

他们是谁 所谓微观管理者，是指那些对孩子的生活管得太多，不能让孩子自己处理学校、体育或其他方面的问题的父母。他们认为，如果每一步都支持孩子，无论是在体育、戏剧还是学业方面,孩子就永远不会遭遇失败,也不会经历任何无法达到最佳表现和持续成功的事情。能够保证这一点的唯一方法就是对孩子生活的方方面面进行微观管理。

他们做什么 他们往往不会让孩子跌跌撞撞地摔倒或对任何事情感到困惑或沮丧。因此,他们会对孩子的一切进行微观管理,包括孩子的行为、活动以及朋友的选择。

为什么 他们无法忍受不去对孩子生活状况的每一种结果进行控制。微观管理者担心,如果他们不确定每一个结果,那么肯定会给孩子带来不好的后果。这就好像他们首先不相信自己,因此也就不能完全相信孩子会做出能产生健康积极结果的良好选择。

例子 来自佛罗里达州坦帕市的全职妈妈萨曼莎很苦恼,因为她8岁的儿子在学校遇到了麻烦,考试成绩也不如以往。当儿子第一学期成绩单上的成绩不理想时,萨曼莎越过他的老师,立即打电话给学校校长,提出投诉,看学校会如何解决这个问题。她从一开始就试图把老师当作替罪羊,而不是去探究儿子学习成绩不理想的其他原因。

虽然这并不是典型的微观管理,但这是父母试图像管理

> 办公室一样管理家庭的一个很好的例子，一上来就挑战一把手，而不是退后一步，与最了解孩子的人商议。
>
> 在这个案例中，萨曼莎的儿子成绩不理想原来是因为需要佩戴眼镜，一旦他适应了每天戴眼镜，成绩就提高了，他的母亲也放松了——至少暂时是这样。

朋友

即使不能成为自己孩子的同龄人，这些父母也想成为孩子最好的朋友。

> ### 最好的朋友
>
> **他们是谁** 这些父母在自己的生活中往往没有太多的事情可做，渴望孩子的陪伴，可能会把自己视为孩子最好的朋友和伙伴，而不是视为孩子的父母。
>
> **他们做什么** 这些父母会不断将自己融入孩子在学校和其他地方的日常活动中，以便在孩子与他人的所有互动中保持稳定的存在感。
>
> **为什么** 因为当孩子不与他们分享一切时，他们会感到不受重视和被冷落，可以肯定地说，这些父母缺乏具有挑战性的事业或充实的社交生活。除了自己生活中的不足，他们还觉得如果自己是孩子的好伙伴，就

能更好地理解孩子，并能随时对孩子进行有效干预。然后，他们希望孩子会感激并承认他们的伟大，从而确认父母是他们生命中有价值的一部分。成为孩子的伙伴，意味着父母不必做出可能会让孩子不高兴的艰难决定。相反，这些父母希望通过成为孩子的"朋友"来说服他们。

例子　西尔维娅有两个女儿，一个12岁，另一个15岁。当她们第一次创建Facebook页面时，西尔维娅坚持让女儿加她为好友，这样她就可以监控她们的活动。孩子们理解这种情况，但现在她们都长大了，她们希望妈妈不要总是对她们发布的任何内容点击"喜欢"，也不要几乎每天都发布她们小时候的照片。

助理

他们是谁　这些父母是保护者的变体，因为他们会在任何时候不惜一切代价帮助孩子避免面对任何不开心的事情或麻烦的生活状况。不管是什么要求，也不管是多么无关紧要的事情，他们随时都准备冲过去帮忙。

他们做什么　助理们会放下手头的工作，赶往学校，只是因为他们的孩子打来电话，要求家长送孩子忘带的东西，无论是午餐、家庭作业还是足球服。

为什么 这种行为的动机可能是父母担心自己会在孩子的生活中变得无关紧要，或者担心孩子不得不面对现实和困难——在很多情况下是非常小的困难。太多的父母没有自己的生活，他们寻求与子女成为"伙伴"，而这种方式对双方来说都是不现实和不健康的。

例子 克丽丝是一名房地产经纪人，有一个在一所大型公立学校读七年级的女儿。克丽丝习惯于每天下午去学校检查女儿的储物柜，确保她带了自己需要的东西。有时，如果她的女儿早上没带午饭就匆匆出门，克丽丝会开车过去敲女儿教室的门，并站在门外挥手示意。晚上，克丽丝总是辅导女儿做家庭作业，甚至经常帮她完成作业。她会说："我们做到了！"就好像写作业这事儿应该团队作战似的。

溺爱者

他们是谁 这些父母总是为孩子做得太多——无论孩子多大。更糟糕的是，他们往往希望其他父母也能纵容自己的孩子，当别人不这样做时，他们就会试图对其加以羞辱。溺爱者会给孩子买昂贵的礼物，或者带他们去异国旅行，却丝毫不考虑教导他们工作、商业和消费的价值。一旦计划好了旅行，即使孩子表现不佳，父母也往往觉得有义务陪孩子去旅行，进而忽视了应教导孩子认识其行为后果。

他们做什么 溺爱者会想尽一切办法满足子女的要求，他们会不惜一切代价尽可能让子女的生活过得轻松愉快。他们不想让孩子感到沮丧或受到任何伤害，更不想延迟他们任何方面的满足。这听起来没问题。我们希望给孩子最好的，但当孩子必须在现实世界中生存时，从幼儿园班级的日常文化开始，会发生什么呢？难怪幼儿教育专家安抚家长花费的时间几乎和管教孩子一样多。

为什么 原因各不相同，但那些非常忙碌、专注于自己的事业和社交生活的父母通常不会花大量时间陪伴孩子。为了减轻内疚感，他们会用昂贵的礼物或旅行来补偿子女，却不是花时间和孩子一起做事情。这样做的结果通常是留给孩子一个拥挤的衣柜和一颗空虚的心。

在其他情况下，溺爱者可能在自己的成长过程中错失了一些东西，他们会试图给孩子过度提供自己没有得到的东西。给孩子东西，也可能成为控制孩子的一种方式，这反过来又会让父母觉得自己是被需要的，是有价值的。对于年龄较大的孩子，这种方式的表现形式就是给他们买他们自己买不起的东西，让他们继续依赖父母。这种做法往往适得其反，因为孩子长大后会觉得自己有权有势，可能会炫耀自己的东西，以此来获得别人的认可，但事实上，这样做会拉开他们与同龄人之间的距离，很可能会阻碍其独立性的自然发展。

例子 "我每天叫儿子起床要叫三次，"一位瑞典大学生的妈妈英格丽德说，"我给他洗衣服、做饭。我觉得我是被需要的，我是重要的。我不知道这对我儿子有什么作用，但这让我感觉很好。"

窒息者

他们是谁 这些父母将最佳朋友的原型提升到了另一个高度。他们总是想方设法陪伴孩子。如果他们能和孩子一起上学、过夜和参加每次学校旅行，无论孩子多大，他们都会去。他们坚持在学校组织的出游活动中充当监护人，在图书馆做志愿者，在学校舞会做监督员。随着孩子年龄的增长，这成了让他们感到尴尬的主要时刻。

他们做什么 教师们报告说，他们看到家长们过多地参与孩子的游戏和交友，尤其是孩子之间发生小的摩擦时。当教师试图鼓励学生自己解决问题，而不要让父母卷入时，孩子们却告诉他们，父母会决定他们该怎么做。据了解，有些家长还会来到学校，找到另一个孩子，跟他谈话。

众所周知，令人窒息的父母在公共场所也会和青春期的子女坐在一起，并持续监控他们，不给他们留下任何匿名或缺乏监督的空间。

为什么 出于某种原因，这些父母不相信他们的孩子能做自己，好像没有父母的参与，孩子就不可能自主。他们可能觉得自己在教育子女方面做得不够好，没有让子女内化自己的价值观，没有他们的参与，孩子就无法独立自主。

例子 我们观察过的美国东北部的一所蒙特梭利学校是大多数学校的典型代表。这所学校在学术和非学术项目方面拥有坚实的家长志愿者基础。事实上，家长们的参与意愿在去年成了一个问题，因为有太多的家长自愿当陪护，学校不得不取消了这次野外考察。学校无法容纳如此多的陪护人员，又因为没有家长同意退出，所以只好取消了这次活动。

制造者

这些父母把他们的孩子视为他们向世界生产的产品。

消费者

他们是谁 这些父母在私立学校中尤为常见，他们把孩子的一切"成功"都与他们选择了学校并支付了学校的费用这一事实画上等号，对自己所花的钱能得到什么结果抱有明确的预期。

他们做什么 对这些家长来说，打造"完美"的孩子意味着选择（或利用顾问来选择）他们认为能够实现自己期望为孩子达成的结果的最好方法，并支付费用。然后，他们希望学校能从此开始，为了孩子全力以赴，这就意味着家长应该可以直接且不受限制地接触学校领导和老师，而这些老师应该为他们的孩子提供便利，这与孩子的投入或努力无关，因为在这些家长看来，结果应该与他们花在学费上的数目相等。如果这些家长成为学校的董事会成员，这就成了更大的问题，因为他们觉得自己可以在任何时候提出任何要求，包括对孩子的不良行为不承担任何后果。

为什么 在过去的几十年里，家长的权利发生了巨大的变化，而且这种变化不仅仅在私立学校中普遍存在，事实上，它无处不在。公立学校的家长意识到，作为纳税人，他们要为孩子的老师支付工资，因此家长们可能会提出超出正常专业和道德责任范围的不合理要求。低收入家庭可能会竭力让孩子进入特许学校就读，然后试图将孩子的成功与补助券的价值等同起来。造成家长的这种消费心理的部分原因可能是学校权威的削弱，以及我们这个日益加剧的消费社会的夸张要求。这可能导致家长对学校管理者和教师缺乏尊重。事实上，如今有一种观点认为，教育只是一种商品，家长理应能够对所提供的产品及其产生的结果提出要求，无论这些要求多么离谱。遗憾的是，这种观点忽略了人的基本要素，没有考虑到儿童成长过程中的起伏。

例子　康涅狄格州南部一所私立学校的校长在许多场合都听到过这样的话：

"我为孩子的教育花了很多钱，我希望你们能照顾到他所需要的一切，并对我的付出负责。这也意味着我应该能够随时打电话给学校，让你们回答我的任何问题。"

"这些家长本质上是把孩子视为'我的产品'，这是一种奇怪的看待孩子的方式，除非你从消费者的角度来看待整个过程。消费主义是危险的，因为有些家长给学校捐了学费之外的钱，就认为他们的孩子和他们自己都应该享有特权。比如，孩子闯了祸，应该承担后果，这时这些家长会说，'你们不忠诚'，好像捐了钱就应该得到特殊待遇一样。"

例子　一位家长是学校董事会成员，她对她的孩子因为之前没有通过考试而被禁止参加足球比赛感到不安。这位家长打电话给校长，指出了他们家两代人都在这所学校读书，儿子是全费学生，作为董事会成员，她支付了很多钱，并有很大的影响力来影响校长的工作，特别是如果她的儿子不能参加比赛的话。

指责者

他们是谁 这些父母不愿意让孩子因其自身的行为而经历不愉快的后果,而且往往不愿意把自己的教养方式看成是孩子一开始就陷入困境的原因之一。相反,除了自己和自己的孩子,他们把大部分甚至全部问题都归咎于其他人。

他们做什么 他们会为孩子争取他们想要的东西,而不是让孩子硬着头皮为自己的行为承担相应的后果。这意味着孩子没有机会从自己的错误中吸取教训,并在再次出现这种情况时能够继续前进,做得更好。剥夺孩子独自面对困难的机会对他们没有任何好处。他们的第一反应很可能是对父母试图"帮助"他们的行为大发雷霆。

为什么 作为父母,我们都希望控制自己的生活环境,希望尽可能为孩子创造最舒适的条件。然而,现实世界并不总是那么仁慈、宽容或容易接受,我们无法像我们希望的那样去控制它——无论是对自己还是对孩子来说。宣称"我的孩子永远不应该感到沮丧或困惑"可能是一种美好的情感,但不太现实。因此,当孩子感到沮丧或困惑时,最好的办法就是让他们先照照镜子,问一问"为什么",因为在许多情况下,他们自己至少要对自己的困境负部分责任。

例子 一位公立高中的管理者描述了一个长期存在的问题，即家长在不了解孩子行为的全部情况下就贸然介入冲突："我们的一名学生被发现在厕所里抽烟。一位老师自然而然地把他送到了我这里。他试图为自己开脱，抱怨自己在学校压力太大，吸烟是他唯一的解脱。当我指出这是违反校规的行为时，他责怪学校使他的生活变得如此艰难。我们的谈话刚结束，他的情绪还很激动，就给他妈妈打了个电话，把他对我们谈话的看法告诉了她。不到两分钟，他妈妈给我打了电话，对与她儿子讨论的事情深表担忧和沮丧。这种情况经常发生，她甚至还没问我事情的客观情况，就把她儿子的问题归咎于我们学校。"

除了因为相信儿子明显的谎言而弄错了事实之外，这位家长还怪错了人。事实上，她是在为儿子找借口，而不是寻求真相，让他为自己的行为负责。也许这位母亲也是一位烟民，她可能觉得学校在控告她儿子的同时也是在控告她。

委托者

他们是谁 这些通常是过于忙碌的父母（见"消费者"），他们认为孩子只是他们生活中要负责的众多项目之一。他们希望所有重大问题都能由其他人来处理，无论是学校工作人员、保姆、教练还是家庭教师，就好像他们幻想着可以把自己作为父母的角色外包出去一样。

他们做什么 他们将养育孩子的几乎所有责任委托给学校、运动队、家庭教师和保姆。有人将其称为"缺席养育"或"外包养育"。

为什么 这些父母有其他优先事项，如工作、高尔夫、社会义务和爱好，这些都取代了直接参与孩子的生活。如果有人问他们，他们会说孩子对他们很重要，但实际上，他们认为自己正在做的其他事情同样重要，甚至更重要。造成这种情况的原因可能是童年时期发生的事情，比如他们的父母疏于管教，也可能是他们在工作中遇到了特殊的要求。对于其他人来说，他们只是以自我为中心，不能把别人放在第一位，甚至不能把自己的孩子放在第一位。

例子 诺里斯是一位有权势的律师，有一个十几岁的儿子，他认为儿子是未来律师事务所的接班人。他组建了一个由司机、家庭教师和培训师组成的团队，以确保儿子上学或参加任何课外活动（有很多）都不会迟到，他聘请了一名私人助理，每周提交关于儿子学习效率的报告。

不尊重者

他们是谁 这些父母是指责者和消费者的变体,他们倾向于对辛苦地负责养育孩子的人做出不好的行为。他们往往把自己看成是地位很高的人,而他们雇用的人或为他们工作的人,从孩子的老师、保姆到教练,都被他们视为不知道在做什么或做得不够好的人。随后,家长们会对这些人予以不尊重的批评,而不是感激他们为孩子和整个家庭所做的一切。

他们做什么 这些父母往往认为没有人比他们更重要或更有智慧,他们不是着眼于全局,而是集中精力寻找各种理由来解释为什么事情没有像他们期望的那样发展。他们不寻找自己能做些什么或者如何与他人合作来改善情况,而是盯着其他人的缺点,从而导致对老师、学校工作人员、辅导员、教练和保姆做出不尊重的行为。当孩子们看到这种行为时,也会被鼓励不尊重权威,不尊重这些重要的成年人在他们生活中扮演的角色。

为什么 简而言之,这些父母中的许多人都以自我为中心,甚至彻头彻尾地自恋,这可能会让人觉得他们有种优越感。这种行为往往是由无知造成的,因为这些家长往往对教师在课堂上的教学、全职保姆的工作内容或者指导儿童运动员的复杂性和挑战性知之甚少(尤其是那些 A 型人格的家长)。

> 例子 "我付钱给你,因此,我可以不尊重你。"不言而喻的是,"我比你懂得多,尽管我从来没做过你正在做的事情"。
>
> 事实上,当父母对任何在孩子生活中占有一席之地的人采取这种态度时,他们本质上是不尊重自己的孩子。

附属品

这些父母把孩子看得如此重要,他们在生活中所做的一切都只是为了改善子女的生活,丰富子女的活动。

> ### 啦啦队长
>
> **他们是谁** 在每次学校演出、课后活动、科学展、足球比赛和洗车活动中,都能看到这些家长的身影。他们不厌其烦地为自己的孩子鼓掌、赞美、大声欢呼,这些父母甚至随身携带孩子的日程表,而不是自己的日程表,因为他们生活中的一切都围绕着孩子。(有人可能会称这些父母为"附属品",因为他们基本上成了孩子生活的附属品。)
>
> **他们做什么** 如今的啦啦队长们几乎参加所有与孩子有关的活动,无论校内还是校外,每周七天,全年无休。他们成了孩子生活中的附属品。有些家长甚至会

穿上与孩子配套的亲子装，并在自己的日常交流中加入孩子间的"行话"。在"过去"，父母很少参加孩子的活动，也不会生硬地模仿他们的穿着习惯。

为什么 家长们担心会错过什么吗？是不是那种驱使新生儿的父母拍摄宝宝的每一次呼吸的综合征，也导致了啦啦队长们为了顾及孩子的一切活动而不惜打乱自己的日程？还是父母只是害怕自己错过孩子的一两场比赛后会感到内疚，特别是当他们的缺席被一些过于热心的家长指出来的时候（这些家长总是会不由自主地注意到其他家长错过了活动）。通常，这样的父母自己小时候没有机会在类似的活动中表现出色，或者孩子正在替代他们实现愿望。他们可能会沉浸在孩子的活动中，并以一种反向的方式，希望孩子的特长会影响到他们，让他们看起来更酷，因为他们的孩子正在参加一项很酷的活动。

例子 西蒙和迪伊曾经在大学里踢过足球，现在，他们的两个儿子已经到了踢青少年足球的年龄，于是他们又投入到新英格兰郊区社区的周末比赛和平日训练的繁忙日程中。西蒙和迪伊拥有一家园艺服务公司，他们会参加每一次训练和比赛，至少其中一人会去参加。他们不仅为孩子们加油助威，还习惯性地与教练分享自己对足球的看法以及孩子们的高超技艺。这些事情可以让西蒙和迪伊彼此青睐，但仅此而已。因为

> 西蒙和迪伊买了球队的球衣，所以教练还能容忍，但他们的儿子开始受到球队中其他一些孩子的骚扰，这些孩子认为自己应该像西蒙和迪伊的儿子一样有更多上场的机会。

搭车族

他们是谁 这些家长每天都接送孩子上学和放学。

他们做什么 他们在早上送孩子上学后相约喝咖啡，或者在放学铃声响起前十五分钟到三十分钟就在校门口排起长队。天气暖和的时候，家长们会下车，聚集在一起讨论学校的现状，说一些关于教师、管理人员、成绩和体育运动的闲话。这些谈话毫无例外会导致教师被评判（通常是不公平的），甚至被加入黑名单，学校工作人员被造谣，一些孩子被当成替罪羊，尤其是那些父母很少搭车来接送的孩子。

为什么 这种情况通常发生在父母空闲时间过多，而他们的生活中又没有什么其他的兴趣爱好时。

例子 每天下午放学，梅洛迪和比尔都会在孩子们小学门口的车里碰面。梅洛迪是一位全职妈妈，她在家里经营着一家平面艺术公司，她对女儿在阅读和写作方面的进展感到焦虑不安。比尔是一位拥有自己承包的业务的单亲父亲,他对女儿的一年级学习经历也有同样的感受。他们都发出疑问:"为什么我们的孩子做得不好?"(需要指出的是,那时是十月份,新学年刚刚开始。)很快,他们一致认为,这一定是老师的错。他们与其他家长高谈阔论,没过多久,他们孩子的老师就在家长会上被大肆抨击——不必要的抨击——原因是孩子们的读写能力还达不到可接受的水平。可悲的是,欺凌并没有停止,这位教师——一位阅读专家和学区导师——辞职了。

奖杯颁发者

他们是谁 这些家长承认,所有的孩子都是与众不同的,做事的能力和热情也各不相同,但他们认为所有孩子都应该被平等对待,尤其是在表彰和奖励方面。这些家长希望自己的孩子多参加活动,能够在自己希望他们擅长的领域出类拔萃。他们希望孩子得到赏识,即使孩子在某项活动中的表现并不特别出众。实质上,他们不希望任何人的感情受到伤害,尽管孩子们自己也清楚在活动中谁表现得好,谁表现得差。但这些家长坚持认为,即使孩子什么都没做,只是出席了活动,每个人也都应该得到一个奖杯。

他们做什么 这些家长希望自己的孩子参加体育运动或登上舞台,参与戏剧或音乐项目,以及其他任何诸如此类的活动。然后,他们希望自己的孩子成为"赢家",获得必要的奖杯和奖品,无论他们的表现是好是坏。如果孩子的表现明显不佳或没达到"冠军"的状态,家长就会不遗余力地避免孩子的自尊心受到任何伤害或威胁,无论如何孩子必须得到认可!

为什么 有些家长仍在试图重塑自己的童年,寻求自己小时候没有得到的奖杯,或者试图弥补自己没有得到想要的东西时所受到的伤害。还有一些父母通过孩子来间接实现他们自己没有实现的生活愿望,同样,他们试图保护孩子免受现实和生活的伤害。无论哪种情况,他们都没有给孩子传递现实的世界观,以及提供机会让孩子学习接受自己的缺点、欣赏他人的长处、选择自己想做的事情、培养自己积极的自尊心。

例子 本杰今年9岁,在郊区的一个大社区踢足球。他不在A队,也不在B队,而仅仅是C队的一名替补球员,但他满足于成为团队的一员,并且很享受户外运动和同伴的友情。在赛季结束时,他在团队宴会上获得了一个奖杯。在回家的路上,本杰非常开心,直到父母问他,获得属于自己的奖杯是什么感觉。

"呃,不知道,我把奖杯忘在那儿了,我要它干什么?"

他的父母大吃一惊,调转车头准备回去取回奖杯。

本杰笑着说:"我不想要那个愚蠢的奖杯!我不擅长踢

足球。"

他爸爸厉声说道:"本杰!你一点儿都不差劲。你再敢这样说看看!这个奖杯是你应得的,就像队里其他男孩一样。"

他妈妈接着补充:"没错,你是个出色的足球运动员。"

"好吧,妈妈,"本杰说,"别担心,爸爸。我的奖杯归你了。"

成熟杀手

他们是谁 这些父母忽视孩子的成长变化,把他们当作婴儿或者比实际年龄更小的孩童对待,阻碍了孩子独具的成熟过程。(见"窒息者"和"保护者"。)

他们做什么 这些父母抱着 5 岁的孩子而不让他走路,在餐厅给 10 岁的孩子把食物切成小块,不允许 16 岁的孩子考取驾驶执照,甚至不允许他们开始积累相关经验,禁止上高中的孩子看《周六夜现场》[⊖],为 25 岁仍然住在家里的儿子做饭。

为什么 打着保护孩子免受现实世界伤害的幌子,这些父母决心不让孩子成为独立、成功的成年人。这也许会让父母把孩子"圈养"在他们可控的范围内,

---

⊖ 美国一档于周六深夜时段直播的喜剧小品类综艺节目。——译者注

> 而这通常是因为这些父母对自己的孩子没有信心，实则表明了父母对自己恰如其分地教育孩子的能力没有信心。
>
> **例子** 辛西娅是居住在犹他州盐湖城的九个孩子的母亲，她的故事很好地激励了我们。她的七个孩子都离开了家去为摩门教会传教，她不得不放手让每个孩子独自去闯荡世界。
>
> "毁掉你的孩子很容易，那就是过了适当的时候还抓住他们不放，但这最终对他们不利，这会阻碍他们的成长！他们必须独自体验这个世界。常言道，生命的轮回正是如此。"

抓住还是放手

通过对这些原型的研究，我们应该清楚地认识到，养育孩子是一件复杂的事情，但将我们自己与孩子分离开来是至关重要的。同样重要的是要认识到，孩子从小就是独立的存在。尽管我们很多人的行为和想法都是如此，但孩子并不是我们的延伸。无论处于哪个发展阶段，他们每个人都是独立的个体。孩子们需要有尝试的空间，去经历失败和成功，这应该从小开始，毫无疑问在他们上学的时候就应该开始。

但是，许多父母很难接受这样一个事实：人生的成长需要奋斗，孩子所经历的考验和磨难，包括失败的经历，是学习成功的过程中必不可少的一环。

摩根是一位全职妈妈，她是第一次当妈妈，由于对女儿开始上学感到焦虑，她出现了分离问题。女儿开始上幼儿园时，摩根像大多数家长一样陪她去学校。在最初的一两周里，她和其他一些家长一起在教室里逗留了三四十分钟。但是，当其他家长最终学会在适当的时候离开时，摩根的分离焦虑却让她待得越来越久。她试图一笑置之，对其他家长说，她只是太担心"笨手笨脚"的女儿可能会摔倒或撞到什么东西而受伤。除了摩根之外，在其他人眼中，她的女儿表现得再正常不过了，很轻松地投入到每分钟的活动中，似乎没有注意到她的母亲在一旁焦虑不安。终于，在容忍了摩根的存在数周之后，老师找到摩根，建议她给女儿和其他孩子留一些喘息的空间。摩根泪流满面地向老师承认，女儿不在身边，她不仅整天在家无所事事，还总是担心女儿会发生什么意外。她接着承认，自己第一次留在学校时，她的母亲也曾有过分离焦虑。

对许多父母来说，让孩子出去闯荡世界与他们一直被灌输的成功育儿理念背道而驰。如今，整个以利益驱动为导向的行业都在恐吓父母，让他们"不惜一切代价"保证自己的孩子占尽一切优势。结果，这增加了父母的压力水平，让他们对孩子产生了不合理的期望，也让他们的孩子变得焦虑不安。这反过来又使得孩子很难学会放松和做自己。摩根正一步步成为"不能放手"的父母的典范。

减少保护,加强沟通

如果父母希望自己的孩子长大后成为独立、自信的成年人,他们就需要实践一下我们所说的"良性忽视",这需要一个简单的态度调整——放松心态,收回父母控制的缰绳。首先要允许孩子经历一定程度的挫折,让他意识到自己能够发现问题,然后自己解决问题,而不需要你的主动侵入式干预。这也包括允许兄弟姐妹之间争吵,因为他们有时会自然而然地争吵,然后自己解决。如果你不一直干预,你会过得更快乐,他们也会过得更快乐。尝试让他们自己解决问题,只要没有人流血受伤,也许并无大碍。

如果你忍不住——如果你怀疑自己过度保护、恐惧和压抑——试着向另一位家长征求意见,以证实你的猜疑,尤其是向那些有好几个孩子,但看起来做得还不错的家长。现实检验是好的!你没有义务听从别人的建议,但征求意见有助于你自己做出更好的决定。

记住这段话,你就可以更加有所准备地先观察孩子,然后再与孩子沟通。从一个简单的问题开始,然后倾听他的回答。根据孩子的年龄和个性,你可能不会得到太多信息,但是没关系,你给了孩子一个机会,这才是最重要的。你可以解释你的顾虑,无论是对孩子的安全、成绩还是朋友的选择。只要这些顾虑不是一种控诉,也不是对孩子的能力缺乏信任,你们就可以进行公开讨论,探讨具体情况并提供你认为必要的建议。但关键是要倾听孩子的心声!

当然,你肯定比其他大多数人都更了解自己的孩子,也最能判断哪些活动在安全方面是可以接受的,哪些行为是可以允许的。什么是安全和可接受的,这永远是父母和孩子之间争论的焦点,但重要的是父母要意识到,有时他们只需要放手,过好自己的生活。

The Overparenting
Epidemic

第 2 章
为什么21世纪的养育如此艰难

当本还是 8 岁的孩子时，他最喜欢做的事情就是和朋友们在伯灵顿的森林里会面，然后一起在蜿蜒的林间小道上玩泥巴滑行。他们会在无人看管的情况下在那里待上好几个小时，弄得脏兮兮的，却玩得很开心。当被问及是什么让这段记忆如此美好时，他说："因为那时我的父母不知道我在哪里。"

现在与那时相比，简直不可同日而语。本现在是两个男孩的父亲，他和妻子绝不会让孩子们像他小时候那样：整个下午都和朋友们消失在森林里，其中一些朋友他的父母甚至都不认识，然后浑身是泥地回家。如今，他的孩子们会被送进森林里，配备必要的生存装备，比如防蜱喷雾剂、肾上腺素注射器、护目镜、额外的袜子、防水靴、探险背心（有足够的口袋可以装满攀登珠穆朗玛峰所需的物资）、GPS 追踪装置，以及一个固定在高科技森林探险头盔上的摄像机。

本说："我的孩子从不出门，他们忙着打电脑游戏呢。"本只是开玩笑，但他的话确实有道理。在大多数情况下，今天的孩子无法体验到他们的父母和祖父母"当年"所享受的纯粹自由。他们当然拥有前几代人所没有的东西，比如科学夏令营和电脑游戏（当然指的是有教育意义的游戏），以及各种有教练指导的团队运动，但他们在青少年时期所做的很多事情都是由父母或其他成年人策划和管理的。今天，尽管科技、通信和获取无限信息的能力在不断进步，但太多的孩子仍然没有体验过冒险、冲突和在遭遇意外困难或失败后团结一致的激动人心的感觉。我们可以梦想着让孩子们回到昨日的简单生活，但与其真正这样做，我们其实更应该认识到他们究竟错过了什么，不仅要允许他们独自在森林里滑泥巴，甚至还要鼓励他们这样做。

当每个人都在告诉你应该期待什么时，你该期待什么

在成为父母之前，没有人对这究竟意味什么或涉及什么有清晰的认识。一旦你想明白了，知道自己在做什么，你的孩子们或许已经长大成人离开家，或者那时你已经有了很多孩子，你太累了，心不在焉，什么都做不好，你真正关心的是什么时候可以打个盹。

当今的父母面临着前所未有的养育挑战，他们中的大多数人似乎被不合理甚至不切实际的期望所束缚。但在任何人

试图改善这种情况之前，重要的是先要认识到当今父母必须应对的压力。

每天，从我们起床打开收音机或上网查看新闻的那一刻起，我们就会受到铺天盖地的大众传媒信息的轰炸，这些信息主要是通过吓唬我们来吸引我们的注意力。这会让我们产生一种匮乏感，好像我们在生活中的基本素质方面至少有一项是存在不足的，让我们觉得自己缺乏时尚感、身材走样、教育程度不高或者即将面临财务危机。更糟糕的是，我们可能会感到自己无力照顾家人。无论我们如何认识到自身的不足，麦迪逊大道都在某种程度上成功地塑造了我们的需求，扭曲了我们的欲望，并重新设定了我们的目标。这种心态无形中会影响我们的整个家庭，作为父母，它影响了我们如何看待和养育我们的孩子。

当我们被大众媒体无休止的喧嚣所激起的抱负和恐惧包围时，我们该去哪里寻求现实的检验呢？我们的邻居和社区可能会使我们的神经症变得更加严重，因为同辈压力会造成更多扭曲的期望。父母很容易将自己与其他父母进行比较，很快他们就会认为自己也应该为孩子做同样的事情。那位父亲是做什么工作的？那位母亲开的是什么车？我们邻居的孩子在哪里上学？他们怎么有时间指导孩子参加体育运动？这简直就是把"追上琼斯一家"㊀（keeping up with the Joneses）

㊀ 表示和富裕邻居保持同等的生活方式或生活质量，指盲目攀比。——译者注

提升到了一个新的高度。遗憾的是，没有人能够真正做到这一点，我们总觉得自己做得不够好——无论是作为父母，还是从整个家庭的角度来说。

社会制造了过大的压力，要求我们不惜一切代价在各个层面取得成功。说到代价，美国目前的经济状况让父母们更加担心孩子的未来，也让他们在子女的教育质量上花费了贵得离谱的额外费用。在当今竞争激烈的西方世界里，一所名牌私立学校的标价能保证什么吗？

这足以让父母退缩，也足以让孩子感到厌倦。这实际上可以归结为一种无处不在的对失败的恐惧，以及一种挥之不去的担忧：你的孩子将无法成功，而这会是你的错。不安全感、焦虑和对现有体系缺乏基本信任似乎已经渗透到了美国的教育系统和家庭生活的方方面面。这些情感缺失在很大程度上是由人们的经济情况造成的。陷入经济困境的家庭担心自己和孩子的未来，而那些手头宽裕的家庭则渴望得到更多。对于处于中间阶层的大多数人来说，组建家庭的成本令人望而生畏。怀孕费用昂贵，而生育治疗费用更高。收养费用高昂又耗时，而且可能要经过一系列昂贵的体外受精治疗之后才能实现。如果再加上保姆、额外的托儿服务、私立学校、课外活动、专业夏令营、家教和大学顾问等基本费用，甚至还没有考虑到不断上涨的大学学费，就已经令人不堪重负了。如今，连社区大学和州立大学的学费也变得越来越昂贵，更不用说四年制的私立文理学院了。

过度养育是如何开始的

在试图确定为什么父母如此关注孩子生活的方方面面时，几乎不可能挑出任何一个核心因素。从什么时候开始，"待人宽容如待己"几乎从美国人的育儿词汇中消失了？从养育子女开始，过度养育就一直存在。

在过去的几千年里，过度养育时起时伏，但在20世纪90年代，它明显爆发了。仿佛西方公众的信任已经遭受破坏，以至于影响到我们家庭结构的核心。我们家里和平繁荣，至少对大多数人来说是这样，但焦虑和恐惧却越来越多地渗透到我们的社会中。虽然犯罪率在下降，但家长们却在加紧采取安全措施，将孩子置于他们能听得见声的地方，并时刻进行监督。

20世纪60年代，约翰·肯尼迪（John Kennedy）、马丁·路德·金（Martin Luther King）和博比·肯尼迪（Bobby Kennedy）遇刺，美国国家的清白和对权威的普遍信任被打破。随着越南战争的残酷现实的暴露，我们对政府机构会照顾和保护我们的共同信念继续瓦解，尤其是当人们得出结论认为军队不可信，甚至更糟糕的是，他们可能根本不知道自己在做什么时。理查德·米尔豪斯·尼克松（Richard Milhous Nixon）倒台时，这一问题变得更加复杂。这些事件造成了持久的不安全感，因为我们对政府失去了尊重、敬畏和信任。

从国家层面来看，我们所感受到的不安全感和两极分化已经渗入到我们的个人行为中，而且似乎愈演愈烈。许多育儿专家认为，自20世纪90年代以来出现的过度养育现象已经达到顶峰，但我们不同意这种看法。正如这里所证明的，我们可以看到父母们还是一如既往地紧绷着神经，而孩子们的预后效果也不容乐观。也许对人类历代行为的研究会有助于理解我们今天的处境，并让我们走上成为更好的父母的道路。但需要注意的是，成为更好的父母并不等同于过度养育。

养育简史

在整个历史长河中，父母对孩子生活的参与发生了巨大的变化。无论你信奉创世论、进化论，还是倾向于不同的历史观，看看自第一个婴儿出生以来，养育子女是如何发展和变化的，会让你受益匪浅。

石器时代的父母在照顾孩子的口腔卫生方面并不十分勤勉，但根据圣母大学2010年发表的一项关于儿童道德发展的研究，这些原始的父母养育出了适应良好、富有同情心的孩子。[1]

圣母大学心理学副教授达西娅·纳瓦埃斯（Darcia Narvaez）说："他们本能地知道什么对孩子来说才是最好的，

而孩子们也因此茁壮成长。"她的研究涉及狩猎采集社会，旨在探究与人类发展相关的心理、人类学和生物学条件。

在美索不达米亚的某些古闪族（Semitic）文化中，婴儿的名字是根据家人在孩子出生时的情感反应来命名的。孩子们通过玩迷你武器和家用器具来模仿成年人。正如美索不达米亚法律所述，父母与子女之间的纽带可能会被割裂："如果儿子对父亲说，'你不是我的父亲'，父亲可以剪掉儿子的头发，把他变成奴隶，并卖掉换钱。如果儿子对母亲说，'你不是我的母亲'，母亲可以剪掉儿子的头发，把他赶出城镇，或者把他赶出家门，剥夺他的公民权和继承权，但他的自由不会因此丧失。如果父亲对儿子说，'你不是我的儿子'，后者就必须离开家和田地，失去一切。如果母亲对儿子说，'你不是我的儿子'，他就得离开房子和家具。"[2]

在古希腊，那些在婴儿期幸存下来的孩子会在神圣的节日里收到玩具，而一旦长大成人，他们就会将玩具献祭给各种神灵。女孩在结婚前都被留在家中，而男孩则被鼓励去上学，沉浸在老师们的社交世界中。

在罗马时代，父权制的法律和原则意味着家庭中的男性家长对子女拥有绝对的权力。他可以按照自己的意愿惩罚他们，甚至可以杀死他们或将他们卖为奴隶。受到重视的孩子会得到一个护身符，或戴在脖子上的魔法袋，用来保护他们免受伤害。惩罚可能很严厉，但许多罗马人意识到棍棒教育适得其反。

古代中国非常重视子女教育。父母们讨论教育理念和品格的培养方法,许多统治者提倡严格的权威与温和的宽容相结合的教育方式。

维京女孩学习家务,而男孩则学习农耕。孩子由成年人组成的社区共同抚养。

跳转到现代社会(向埃及的科普特文化阶段、波斯帝国、中国明朝和欧洲中世纪早期的伟大父母们表示歉意,仅举几例),如果研究一下引发我们目前面临的大多数挑战的不断变化的条件,我们就能更透彻地理解当今的养育问题。这将有助于我们理解为什么今天养育子女如此艰难,以及我们该如何减轻这种负担。

20世纪50年代美国孩子生活是美好的——如果你是白人、男性,而且健壮、受欢迎的话。但是对于其他孩子来说——非白人且显然不健壮的孩子——日子要艰难得多,现在依然如此。从社会层面来看,我们在公民权利和人权方面取得了许多进步,为女性、少数种族等群体创造了更好的环境,但孩子并不一定能从这些进步中获益。儿童焦虑、抑郁、自杀和无助感发生的概率仍在上升,这些问题跨越了种族、经济阶层和性别。当涉及抚养孩子的环境时,别把事情视为理所当然,这才是明智之举。

儿童心理学

一百多年前,美国才开始对养育这件事产生科学兴趣,并提出学术评估和育儿建议。儿科、婴儿护理和儿童心理学直到19世纪末才成为科学研究的主题。在此之前,人们普遍认为儿童医疗属于教会和社会主流的管理范畴。

工业革命改变了美国的一切,它带来了技术、农业和经济增长方面的巨大突破。但是,童工现象却变得更加猖獗,进一步危害了儿童的福祉。1887年,美国儿科学会(American Pediatric Society)成立,旨在向公众普及婴儿护理知识,他们逐渐开始为婴儿进行体检,并将业务扩展到整个青春期的儿童保育。1897年,家长教师协会(Parent Teacher Association)成立,旨在为儿童及其健康和安全发声。1912年,美国儿童局(US Children's Bureau)成立,为大众提供婴儿护理和孕产妇健康方面的信息。

从1920年起,美国的父母们开始接触到大量关于儿童健康的信息。然而,这些基于科学的建议并不总是符合孩子们的最佳利益。维多利亚时代行为主义学者约翰·布鲁德斯·华生(John Broadus Watson)于1928年出版了著名的《婴幼儿心理护理》(*Psychological Care of Infant and Child*)一书,书中阐述了他对人和社会相对僵化的观点。

他写道:"把他们当作年轻人来对待。小心谨慎地给他们穿衣、洗澡。你的行为要始终客观、亲切而坚定。不要拥抱和亲吻他们，不要让他们坐在你的腿上。早上要和他们握手。"[3]

这并不是对亲情的认可。事实上，华生建议父母克制这种爱，以免宠坏孩子。他更希望父母摒弃为人父母的本能，包括在情感层面上的任何纽带，因为他认为任何情感，无论是积极的还是消极的，都会对秩序和理性行为构成威胁。华生以及当时赞同他这一理念的其他著名人士认为，父母这样做，孩子长大后会有良好的职业道德，成为对社会更有贡献的人。

斯波克谈话

本杰明·斯波克（Benjamin Spock）博士是弗洛伊德精神分析学派的信徒，他在1946年出版的里程碑式的著作《婴幼儿保健常识》（*The Common Sense Book of Baby and Child Care*）中，鼓励母亲信任而不是放弃她们与生俱来的育儿本能，约翰·布鲁德斯·华生曾试图根除这种做法。斯波克与前人的不同之处在于，他相信如果父母想要更好地理解孩子的行为、需求和个性，就必须从孩子的角度来看待世界。斯波克认为，了解并满足孩子的需求对于孩子的幸福和未来发展至关重要。与人们对斯波克的评价相反，他并不建议父母放弃管教,他提倡根据孩子的年龄和具体情况而采取适当的管教方法,而不是为了管教而管教。他还强调了解孩子消极行为背后动机的重要性,并大力提倡充满爱的养育方式。

20世纪60年代的儿童

精神分析学家约翰·鲍尔比(John Bowlby)向世界展示了他对婴儿早期亲子关系过程的著名研究,包括他的依恋理论、儿童哀伤和分离理论。苏格兰教育家、夏山学校(Summerhill School)创始人A.S.尼尔(A.S. Neill)是在养育领域以儿童为中心的另一位代表人物,他热衷于倡导儿童的个人自由权。他说:"自由的孩子不容易受到影响,因为他们没有恐惧。事实上,对一个孩子来说,没有恐惧是最好的事情。"[4]他继续补充道:"儿童的职责是过他自己的生活——不是过他焦虑的父母认为他应该过的生活,也不是按照自以为最内行的教育者的目的去生活。"[5]

虽然这两个人和当时许多其他专家都对美国养育理念的发展产生了重大影响,融合了维多利亚时代的父亲与弗洛伊德式母亲的形象,但也许没有人比临床和发展心理学家黛安娜·鲍姆林德的影响更大,她对儿童养育研究领域的贡献几乎无人能及。她将20世纪60年代美国白人中产阶层中最流行的三种养育方式描述如下。

- **专制型养育**：约翰·布鲁德斯·华生推荐的一种行为主义教养方式，利用父母的高控制和低反应。这种方法在今天被认为过于严格和苛刻。
- **放任型养育**：受弗洛伊德儿童观的启发，主张父母的低控制和高反应。如今，这种方法被认为过于宽松或纵容。
- **权威型养育**：以上两种方法的结合，既强调父母的高控制，又强调高反应。这种方法现在被认为是专制型和放任型养育方式之间的最佳平衡。

黛安娜·鲍姆林德是这样描述母亲的角色的：

> 她鼓励孩子与自己进行言语上的交流和互动，并向孩子解释自己制定的规则背后的道理。她既重视孩子的表达能力，也重视孩子的工具属性；既重视孩子的自主意愿，也重视孩子的纪律服从。因此，在与孩子产生分歧时，她会坚定地控制局面，但不会用禁令来束缚孩子。她认识到自己作为成年人的特殊权利，也认识到孩子的个体利益和特殊需求。权威型父母既认可孩子的现有品质，也为孩子的未来行为设定标准。她会用理性和权力来实现自己的目标。她不会根据群体共识或孩子个人的愿望来做决定，但也不会认为自己是绝对正确或受神启示的。[6]

养育范式的转变

上一代人行之有效的养育方法,在今天的父母身上却不一定行得通。过去父母与子女之间很多事情是没有商量的余地的,如就寝时间、着装和吃光餐盘里的食物等,现在许多家庭对这些问题都可以进行讨论。很多时候,父母更愿意(也更容易)让步、放弃或顺从孩子的意愿,就好像他们不是父母的角色,或者不想继续强化传统的观念和价值观。如今,父母更愿意把他们认为孩子要面临的任何缺点或问题归咎于他人,即使这些缺点或问题是他们自身或他们共同造成的。

当然,许多人都认为,当今美国的养育工作之所以如此艰难,其根本原因是多方面的。以下是我们访谈过的父母、教育工作者和家庭教育专家报告的一些主要原因。

1. 父母的职业更复杂或要求更高。
2. 时代更加危险了。
3. 家人住得不近,影响了大家庭的支持投入和帮助。
4. 父母希望自己的孩子被视为"完美"的。
5. 父母需要随时都能接触到孩子学校里的每一个人。
6. 每个人都要上大学,而且要上"合适"的大学。
7. 父母期望孩子在大学毕业后做些有意义的事。
8. 家庭规模变小使孩子在社会上"出人头地"的压力更大。
9. 父母害怕孩子无法取得他们定义的成功。

10. 如今的孩子责任心不强，缺乏边界感。
11. 单亲家庭和离婚家庭的子女的数量大大增加。

这份清单当然不完整，但从整体上看，我们仍然可以从一个相对狭隘的视角来理解在当今的美国养育为何如此艰难。让我们仔细看看这些原因是否真的站得住脚。

1. 父母的职业不一定更复杂，但在当前的经济环境下，要求可能更高，尤其是在加班方面。
2. 在美国的某些地区，由于枪支泛滥，人们感觉情况更加危险，但总的来说，犯罪率已经下降了。
3. 家庭成员并不毗邻而居。随着社会流动性的增加，大家庭的结构已经瓦解，照顾孩子不再是一项"内部工作"，参与其中的家庭亲属越来越少。虽然在大城市里，很多人都住得很近，但似乎越来越少的人彼此熟识，更不用说能相互信任到可以让对方帮忙照顾自己的孩子了。
4. 父母都希望自己的孩子在外人看来是"完美"的，这并不是什么新鲜事，但它仍然是一个因素，特别是对于那些觉得自己可以通过金钱购买、聘请专家指导或严格训练来"塑造"完美孩子的父母来说。
5. 父母需要随时都能接触到孩子学校里的每一个人。然而，这种不受限制的访问对于教师和管理人员来说是一场噩梦，对学生也无益。那些有这种想法的家长或许可以考虑培养一个新的爱好、接受治疗或者找点儿别的事情做来分散对孩子的注意力。

6. 每个人都要上大学,而且要上"合适"的大学,而不是随便什么学校。家庭承受的升学压力成倍增加,这是有一定道理的。在当今美国的劳动力市场上,大学学位基本上相当于两代人以前的高中文凭。此外,那些渴望向上流动的父母比以往任何时候都更想让自己的孩子进入"精英"大学。这给美国的教育体系带来了巨大的动荡,同时也催生了越来越多的家庭教师、学业顾问和关于如何让孩子进入"合适学校"的书籍。

7. 父母期望孩子在大学毕业后能够做一些有价值、有意义的事情。大家都在竞相争取在毕业后找到最好的工作,不幸的是,美国大学毕业生的失业率似乎在上升。

8. 家庭规模较小的家庭往往会把更多的压力施加在孩子身上,期望他们在社会上"出人头地"。从逻辑上讲,父母往往会把更多的注意力放在独生子女身上,而由于当今的家庭规模普遍较小,这导致过度养育的现象普遍增多。

9. 父母害怕自己的孩子不会成功。这种恐惧可以追溯到大萧条时期和后大萧条时期,当时父母害怕自己的孩子可能会遭受与他们小时候一样的挫折。

10. 现在的孩子们普遍责任感不强,缺乏边界感。这可能适用于那些被宠坏的孩子,他们觉得自己有权享受一切。但这并不总是事实,在完整、稳固的家庭中，这种情况发生的频率要低得多。
11. 单亲家庭和离异家庭越来越多，但这并不意味着父母不能学会共同抚养孩子或者不能为了孩子的利益而解决问题。

老实说，我们的受访者所提出的一些过度养育的原因是有一定道理的，也可能是合理的、可以理解的挑战，然而，这些问题都是可以控制的，构不成健康养育的障碍。

谁照顾家庭

已故的社会科学家苏珊娜·比安基（Suzanne Bianchi）分析了20世纪末美国家庭的变迁，她发现20世纪90年代的职场妈妈花在孩子身上的时间（平均12个小时）与20世纪60年代的全职妈妈一样多，甚至更多。[7]这挑战了我们大多数人的观念，即当今的职业女性可能会亏缺孩子成长所需的养分。实际上，比安基发现，今天的职场妈妈花在孩子身上的时间（平均12个小时）与20世纪60年代的全职妈妈一样多。

那么，如果母亲（和父亲）离家工作的时间越来越多，他们又如何有效地养育子女呢？常识告诉我们，在家的时间越少对孩子越不利。然而，事实并不总是如此，在很多情况下，只是时间的使用方式不同。父母睡得更少，把家务活分派出去，少外出就餐，减少看电视的时间和"约会之夜"，居家办公一段时间，在有幼儿的家庭里，父母偶尔还会带孩子去上班。这就需要转变工作方式，有效地管理时间和空间。听起来确实很容易，但我们不禁要问，为什么没有更多的父母走上这条路呢？

我们可以很有把握地说，在过去的几十年里，父母的这些倾向已经发生了变化，在很多情况下，这种变化并不一定是向好的方向发展。即使不是大多数，也有许多父母每周工作超过30小时，对于从事高要求职业的父母来说，每周工作40、50甚至60小时并不罕见。当父母双方在孩子醒着的大部分时间里都外出工作时，孩子可能会受到影响。

有些父母积极追求晋升，这意味着他们离开家人的时间更长，但银行里的存款也会更多，同时也就更有可能供孩子上私立学校。

在当今社会培养全球化儿童

在当今社会，养育孩子不仅仅是父母的责任，从家庭、学校、电视、互联网到麦迪逊大道，孩子们每天都会受到被动和主动的外力冲击，有些甚至充斥着暴力和攻击。作为父母，你是家庭团队的总指挥，一开始，你控制着孩子吃什么、穿什么，以及他们与谁在哪里玩耍。当然，除非你住在没有电子设备的森林里，否则随着孩子开始上学，这种情况会慢慢发生变化。到了孩子十几岁的时候，你可能会控制他们的零花钱和宵禁时间，但其他的就管不了那么多了。

不可能完成的任务？那么，欢迎学习如何在当今社会培养一个全球化儿童。当然这很难，但从积极的角度来看，这只是放手的问题。你的孩子当然可以向你学习，你可能是他们人生中第一个道德准则的传授者和主要的学习榜样，但你绝不是唯一的一个！你越早认识到这一事实，你和你的孩子就会过得越幸福。这一现实与过去并没有太大不同，但现在的外部信息比以往任何时候都要多得多。

这意味着从临时保姆或家政阿姨开始，你很快就不再是孩子生活中唯一的成年人或外部影响者。那么，你要如何管理孩子所吸收的内容？更何况孩子的独立性也在不断发展。还有伴随孩子自主性的增加而面临的风险因素呢？你是否愿意接受这样的事实：随着孩子的成长和发展，生活中的风险越来越多，而你所能控制的却越来越少？

这一事实让人难以接受。没有接受过任何正式的养育教育，我们怎么知道该如何做呢？我们是否应该简单地复制我们的父母，有时甚至是效仿他们的做法——无论好坏？我们可以阅读大量书籍中的一两本，这可能会对我们有所帮助，但总的来说，我们必须根据自己的个性、优势和劣势以及对环境和孩子的理解，来选择我们想成为哪种类型的父母。

三大教养方式

在我们介绍了一系列养育类型和风格之后，对它们的综合影响进行更深入的评估是有价值的。黛安娜·鲍姆林德将其中一些倾向结合起来，清楚地揭示了过度养育的陷阱。

- 专制型养育：这通常被认为是一种压制性的教养方式，可能会给孩子带来不幸的长期后果，导致自尊心低和社交能力差。
- 专制型的信念和价值观：父权制、维多利亚时代的道德观念、行为主义、不敏感和不宽容、等级制度、权威、顺从、严厉、可预测性、保守主义、不进行亲子讨论、非黑即白的世界观、僵化、好斗、抑制心理控制、压制情绪、威胁。
- 放任型养育：这种教养方式培养出的孩子社交能力强、自尊心强，但学习成绩一般。因此，这种教养方式也被认为不太成功，因为一般来说，学习成绩也被视为一个目标。
- 放任型的信念和价值观：弗洛伊德主义、操纵控制、贿赂、个人自主和个人自由、高度创造性、非限制性、角色平等、非惩罚性技巧、以和谐为导向的环境、自由发展、扁平化层级结构、自我管理。
- 权威型养育：这被认为是三种教养方式中最成功的一种，能培养出快乐、独立、在学校表现良好的孩子。

- 权威型的信念和价值观：社会责任、塑造和强化、合作、理性控制、相对的选择自由。
- 专制型和权威型的共同信念和价值观：高行为控制、有纪律的顺从、要求和家务、规则和秩序、服从、惩罚。
- 权威型和放任型的共同信念和价值观：高反应、互谅互让的讨论、自我主张、温暖、独立思考、满足需求、鼓励。[8]

正念养育

你更喜欢哪种或哪几种教养方式的组合？哪种最适合你？确定这一点的唯一方法就是尽可能地"活在当下"，这就意味着要在建立一致的教养方式和随遇而安的生活之间找到平衡，每一分钟、每一小时、每一天都是如此。如果你能做到这一点，如果你能意识到自己的情绪起伏和变化，那么养育孩子就不会显得那么困难，与孩子的沟通也会变得更容易，产生更好的效果。

遵循别人的规则并不能帮到你什么。作为父母，你必须探索自己的内心世界，就像你第一次离开父母家时所做的那样，在成长经历的启发之下，确立自己的个性意识和存在感。倾听自己的心声是一个好的开始，之后你必须跟随自己的直觉，在成长中不断学习。有时，为了给孩子安全感，孩子需要你有预见性，并设定明确的界限。而有时，孩子可能需要自由，需要冒险甚至失败的机会！这就对了。有时候，你能做的最好的事情就是不插手，让孩子自己做出选择，即使你知道孩子可能做得不对。这可能是你面临的最大挑战，也是许多父母在说养育孩子很难或"我比你更受伤"时不自觉提到的。放手让孩子自己做出选择，允许他们失败——而你袖手旁观——是一个很大的挑战。在你看来，这意味着关注、敞开心扉、协商并做出决定。然后，还需要做出让步，对于任何父母来说，这是能真诚而成功地做到的最难的事情之一。

"我们带着九年级的女儿去读一所寄宿学校，准备告别的时候，"来自佛罗里达州坦帕市的两个孩子的母亲塔比莎说，"我不禁注意到她显得那么渺小，尤其是看到校园里跑来跑去的高年级学生。她很想去学校，但我几乎在颤抖，想象着她将如何应对年轻生命中如此多的新事物。就在我们要走的时候，我跑到车里，确认我们没有忘记任何东西。我认为我是想要逃避告别的时刻。在我准备离开的时候，我的大儿子给了我一些很好的建议：'妈妈，不管你现在想对妹妹说什么，都不要说。在你开车离开之前，不要对她说任何真知灼见让她流泪。她不会哭的。她完全没事。我们说声再见就走吧。'所以我们就这么做了，我们都感觉这样很好。"

家校共育

合格的父母必须学会让步。认识到你一个人养育孩子的时间是有限的，你还需要得到其他人和各种机构的帮助，这是能够放手的一个重要部分。养育一事不仅仅发生在家里，父母学会让步要远比在家中费心劳力重要得多。从小学到高中，你的孩子平均每个工作日要在学校度过约 7 个小时，如果参加课后活动的话，如陶艺课、戏剧课、家庭作业辅导或体育活动，还要多花 3 个小时。学校在帮助你培养孩子方面发挥着重要作用。因此，你与学校的关系会影响孩子的整体感受。

作为家长，你必须学会在不断变化的教育体制中摸索前进，这种体制受到联邦、州和地方政令的影响，从学校的校园文化到考试理念和实践，方方面面都会受其影响。是否参与进来取决于你自己，当然，了解情况是件好事，但过多地卷入其中并不可取，毕竟这是孩子的学校。老师点名时，叫的是孩子的名字，除非孩子出现什么问题，否则老师不需要对你有全面的了解。

信任就是一切。不管你是把孩子送到公立学校还是私立学校，你都必须坚定信念，相信学校会做好它该做的事情——教育好你的孩子。当然，你可以关注并了解学校每天、每周或每月发生的事情，但原则上最好不要干涉孩子的学校生活，当然，除非他在学业、社交或身体方面出现明显的问题。

大多数法国孩子在两三岁时就与父母挥手告别，进入学校这一教育机器，踏上一条旨在将他们培养成小大人的道路。许多国家的情况都是如此，尤其是在那些父母双方都有工作，需要在孩子很小的时候为他们提供日托的地方。

那么，学校真的会照顾好你的孩子吗？它们能与你在家的教育方式保持一致吗？现在的学校似乎不像以前那么严格了，我们很少看到孩子因为体罚而带着瘀伤的指关节和疼痛的背部走来走去。这当然是件好事，但家长过多地参与孩子的学校活动，往往是对教师缺乏尊重、敬仰和认可的表现，这反过来又导致教师在孩子心目中的威信下降。当谈到我们的孩子表现出不良行为时，谁该对此负责，又该如何补救？有些家长把孩子送到学校后，就指望老师包办一切——教授正确的价值观，培养良好的行为习惯，教授如何穿衣、怎么吃饭等方方面面，然后再不断强化巩固这些内容！

得克萨斯州达拉斯市的一位石油公司高管比尔把儿子送进了当地的一所私立学校，他说："我给学校付了这么多钱，学校理应养育我的孩子。"比尔是否有不合理的期望和被误导的权利感？也许的确如此，但到目前为止，他并不是唯一一个这样想的人，而且持这种态度的也不仅仅是私立学校的家长。很多公立学校的家长会成员也是如此，他们实际上是在推卸责任，对孩子管教不力，他们看不惯孩子的一些行为表现，就想把责任推给别人。

对有些家长来说，家长会可能不会经常举行，但在大多数学校，老师都鼓励家长通过电子邮件向他们提出任何问题。谢天谢地，还有电子邮件，至少在一定程度上，它能让过于焦虑的家长保持冷静，不会随意闯入教室。除了这种沟通方式之外，一些学校还为家长提供了专门的记录保存软件，可以用来访问学校网站，监视孩子的成绩和出勤情况。家长还可以通过专门的网站监控孩子的午餐食谱，了解孩子的饮食情况。这些服务可以让你随时了解情况，然后帮助你决定何时为孩子声援，何时让步。

然而，尽管有了这些信息，家长们还是越来越多地参与到以前通常是由教师决定和控制的活动和决策中来，甚至还延伸到学校管理以及与课程和课外活动有关的决策当中。你肯定见过太多家长为了孩子的利益介入其中，以确保他们在选择下一学年的老师或可以参加哪些课外活动时获得优先权。有些情况下，做得太过分的家长可能会被指控欺凌学校。

大可不必如此。学校可以做些什么来防止过度养育？更重要的是，你能做些什么来确保自己不会成为这样的父母？如何让自己有能力与孩子的学校之间建立界限，就像你试图教会孩子做的那样？如果你认为自己的处境很艰难，那么请想象一下一所典型的学校要经历什么——既要努力教育大批孩子，又要尽力满足成百甚至上千名家长的要求，而这些家长往往没有他们自己想象的那么博学。

禁止玩球

过度保护孩子并不仅仅是父母的行为。由于对诉讼的恐惧无处不在，学校也同样会犯过度保护孩子的错误，纽约州华盛顿港韦伯中学的校领导指出了这一点。一些学生在课间休息时受伤了，学校校长凯瑟琳·马洛尼（Kathleen Maloney）说，"有些伤害可能会在无意中变得非常严重，因此我们既要确保孩子们玩得开心，同时也要确保他们受到保护"。[9]

因此，学校禁止进行足球、棒球、长曲棍球和其他任何可能伤人的球类运动。肢体追逐游戏和无人监管的侧手翻也被禁止。目前还不清楚是否会继续允许孩子们开心地蹦跳，但如果那些措施是一个信号的话，那这种行为也可能很快会被禁止，而这并不是因为有些孩子笨手笨脚。

头盔和护具显然有助于防止受伤，但我们还没有找到很多数据来支持无人看管的侧手翻的危险性。事实上，我们很难理解为什么会出现这种情况，为什么其他校区明显也在考虑效仿。自有操场以来，孩子就有可能在操场上受伤，而如今大多数操场都铺设了橡胶地板，远比过去安全得多。那么，这种对安全的担忧是否太过头了呢？如果一个孩子在踢球时摔断了腿,你是否会在未来取消所有的踢球比赛,并完全禁止踢球?如果一个孩子从操场上的攀爬架上摔下来,弄伤了胳膊,你是否会立即拆除攀爬架,或者只有在有成人监护的情况下才允许孩子玩攀爬架?或者更进一步,干脆关闭所有操场?韦伯中学的管理部门就是这样做的。也许因为华盛顿港和其他城镇一样,也有交通事故发生,所以用不了多久就会禁止汽车通行。

童年充满危险。但是,Nerf⊖球真的是罪魁祸首吗?

"嘿,汤米,出去玩玩!"戴夫说。

"好的,可以,戴夫,我来了!"汤米回答道。

1.3米高的汤米在操场上飞奔,其他孩子正安静地玩着踢气球的游戏,汤米从他们中间曲折地穿过。

"我把这个Nerf球扔给你,汤米,"戴夫对他的朋友喊道,"继续跑,看,快看,球来了!嘿,汤米!小心点!小心,你会撞到栅栏的!"

汤米就是这么做的,他撞到了老师,又撞到了栅栏上,就在这时,Nerf球稳稳地砸在了他的头上。

这听起来就像《来自地狱的Nerf球》里的场景,又一个制度性的过度成人化的例子。让孩子做孩子吧!举止得体是

⊖ 由孩之宝公司所拥有的玩具品牌。——译者注

一回事，过分的政治正确是另一回事。通过制定这些规则，华盛顿港的校区已经合法地把整个城镇都变成了胆小鬼。

想想看，有些家长会把事情闹到什么地步。

来自华盛顿港的虚构三孩妈妈卡迈恩说："我很难过，我儿子前几天在学校打棒球，他们用西红柿代替棒球。总之，他在击球时，投手用西红柿打中了他的眼睛！起初，他并没有受伤，但后来眼睛肿了起来，他不得不去看急诊。原来他是番茄红素中毒。如果学校能使用棒球，就像过去一百年里的孩子们玩的那样，我儿子可能只是会得普通的脑震荡，而不是番茄红素中毒！我的意思是，他可能会因此而死！"

我们不是在提倡疏忽或粗心。我们还建议孩子们戴上击球头盔，即使是用蔬菜或水果代替真正的棒球。但是，我们鼓励大家能够正确看待现实、风险、承受力和常识。

这到底是谁的教育

有些家长过度介入子女的教育经历。他们会敦促学校管理部门给孩子安排一个年级"最好"的老师，指责教练没有让孩子在运动队中发挥充分的作用，或者在学校戏剧选角的时候横加干涉。他们甚至可能举家搬迁，搬到镇上一个新地方，只因那里有他们认为的更好的学校，尽管孩子仍希望留在带给他们归属感的原街区。与此相伴随的还有，孩子们会接连不断地接受家教和私人教练的指导，从幼年一直持续到高中。

有些孩子天生就比其他孩子更有运动天赋，就像有些孩子在学业上更有天赋一样。孩子的发育速度各不相同，身体发育非常快的孩子可能在智力上跟不上。这反映了神经系统的成熟过程，通常在男孩身上比女孩更明显。尽管如此，有些家长还是希望并逼迫孩子同时在所有方面都出类拔萃！有趣的是，对于那些在成长过程中不是佼佼者但又希望自己超群出众的父母来说，这种情况尤为明显，现在他们希望自己可以督促孩子完成他们做不到的事情。

这可能意味着，一位从未打过棒球或在初中只是个边缘球员的父亲要为一个6岁的孩子聘请私人棒球教练。虽然这位父亲对训练指导一窍不通，但他会设法成为少年棒球联盟的教练，不是因为他特别想当志愿者，而是为了让他的儿子成为球队的先发投手。

这样的行为也可能在更大的范围内发生。十几年前，在宾夕法尼亚州的一个郊区小镇，几位家长聘请了两名半职业球员来指导他们孩子的球队，而联盟中的其他球队请的是当地的大学生，他们中的大多数人在成长过程中都曾在同一个球场上打过球。拥有高级教练的球队并没有赢得更多的比赛，反而还引起了其他家长的敌意，也让其他球队的孩子感到很不公平。尽管聘请了半职业教练，但那支球队，或者说其他任何一支球队，都没有进入过大联盟，在未来也不太可能进入。但造成这种局面的原因是，一些上了年纪、沮丧但又热衷于体育运动的家长，他们愿意不惜一切代价，只是为了让自己的孩子在竞争中更胜一筹。

为孩子追求更好的教育或运动优势——不惜一切代价——可能会对父母们竭尽全力抚养的孩子造成伤害。父母必须让孩子明白一个道理——不是每个人都能成为比赛或团队中的明星，失败可以成为宝贵的经验教训，甚至比成功更宝贵。孩子们知道在不同的事情上谁擅长，谁不擅长，无论是在体育、学术还是在学业方面，有时不干涉会让他们欣赏别人的天赋，进而珍视自己的才能，这是更重要的人生一课。虽然当时可能会感到痛苦，但大多数孩子都会明白，正如米克和基思㊀曾经告诉我们的那样，"你不可能总是得偿所愿"。

管理期望

"我的孩子只是扮演一年级戏剧里的一棵树，"雷说，他感觉好像他脚下的整个世界突然停止了运转，"我得找人帮

㊀ 米克·贾格尔（Mick Jagger）和基思·理查兹（Keith Richards）是著名摇滚乐队滚石乐队的核心成员。——译者注

他找个更好的角色。"

这是真的吗?疯狂开始了!雷这是在为难孩子,他的孩子才刚上一年级啊!这件事会遇到很多麻烦。可以肯定的是,雷很爱他的孩子,想把最好的给他,但为什么仅仅因为儿子要在学校话剧中扮演一棵树就如此紧张呢?也许这部话剧是一个关于树的故事,而他就是那棵能歌善舞的主角树!谁知道呢?也许他只是在扮演一棵被美化了的树。那又怎样呢?其他孩子会无视他而上演独角戏吗?难怪做父母这么难,雷因为自己不切实际的期望,让养育孩子变得难上加难。他毫无理由地痴迷于儿子的成功。

如何让雷这样的父母管理好自己对孩子的期望?怎样才能让父母管理好自己的期望?难道真要对这些家长说:"你的孩子不是天才!爱因斯坦只有一个。不是每个孩子都能上哈佛大学,不是每个孩子都能打棒球。忘掉它吧,平凡也是一种美。欣赏他所拥有的能力,而不是你希望他拥有的能力。"——但这样的话,我们真的能说出口吗?而当对象换成自己的孩子时,我们又能听进去并接受它吗?但愿如此。希望我们能够接受、欣赏和尊重每个孩子所拥有的天赋,即使这些天赋不是我们认为孩子应该拥有的。

向我们的古代先民学习才是明智之举。我们的祖辈,是狩猎者和采集者,用宽容和长时间的自由玩耍养育后代。事实上,孩子们是在乡村氛围中长大的,有多个成年人照顾,这保证了一定程度的身体爱抚和慰藉，儿科医生认为这在儿童的成长发育阶段至关重要。

这听起来像是常识，但并不是每个人都明白。事实上，许多父母需要被提醒（在某些情况下，需要被教导）如何爱自己的孩子，那就是只要陪伴在他们身边，提供一个充满爱和关怀的环境就好。

英文单词"Team"（团队）或"Parent"（父母）中没有"I"（我）这一字母。因此父母要清楚，孩子的生活是他们自己的，而不是我们的，我们已经拥有了自己的生活，我们只是在这里，享有见证（有时是帮助）这些孩子发现自己的权利，而这有时就发生在我们眼前。尽情享受吧！热爱并欣赏这段旅程，它并不像你想象的那么难。

过度养育还是纯粹愚蠢

在这个游戏中，你将会看到一些父母行为的例子，你可以判断故事中的父母是过度养育还是纯粹愚蠢。你会获得什么呢？安心、自信，以及知道自己没有把孩子教坏。（请注意：这些问题都是修辞性问句，并不要求实际作答。）

---

1. 一位家长为孩子写了一篇论文，结果孩子得了C。

这位家长很不高兴，事实上，她咨询了一位州外的教授,获得了他对这篇论文的建议。至于这位教授是否也得到了C的评价,还是因为他的建议没有达到预期效果而被要求退款,就不得而知了。

这是过度养育的例子,还是纯粹愚蠢的例子?

2. 一名高中生在学校遇到了麻烦,逃了几节课,但作为啦啦队队长,她一心想在返校节的比赛中露面。然而,她第二天又旷课了,说她得去公共安全部(Department of Public Safety)领驾照。学校打电话到家里说,因为缺勤,无论什么原因,她都无法在周末的比赛中欢呼喝彩了。她的母亲为女儿辩护,谎报了女儿旷课那天的去向。但是,由于女儿被拍到在上课时间去美容院做指甲,母亲的掩饰适得其反。她对学校大发雷霆,因为学校不理解作为啦啦队队长,她的女儿需要在比赛中让自己的指甲看起来完美无瑕。

这是过度养育的例子,还是纯粹愚蠢的例子?

3. 一个17岁的男孩从小娇生惯养。他去肯尼亚参加一个社区服务学校项目,学校和父母都希望他能在那里学到一些人生道理。然而,在最后一刻,男孩的父母和他一起去了,这实质上破坏了对孩子产生积极影响的可能性。

这是过度养育的例子,还是纯粹愚蠢的例子?

4. 一位母亲的女儿体重超重，她希望学校和辅导员让她的孩子节食，帮孩子挑选衣服，而不是由她亲自告诉女儿其体重超重，并和女儿一起做上述这些活动。

> 这是过度养育的例子，还是纯粹愚蠢的例子？

5. 约翰是一个身高 1.88 米、体重 93 公斤的高三学生。一天，他所在的班级早上要去郊游，他没带午饭就去了学校。那天早上，他的父母都发现约翰忘了带午餐，于是他们各自开车带了一份替代午餐去学校。尽管学校已经告诉他们会在校车上提供比萨，但两位家长都无法想象约翰错过那天的午餐会是怎样的情形。约翰的父亲给儿子送完午餐后就回去工作了，约翰的母亲却在学校办公室痛哭起来。

"我真的很抱歉，"她说，"除了照顾丈夫和孩子，我没有太多自己的生活。"

> 这是过度养育的例子，还是纯粹愚蠢的例子？

6. 在一所私立学校，学生的成绩每天都会公布在网上。家长登录后，有些人会在上课期间给孩子打电话或发短信，把成绩告诉他们，如果条件允许的话，他们甚至会问孩子为什么会把成绩搞砸。还有一些家长甚至在孩子还不知道发生了什么事的时候，就直接联系学校，质疑孩子的成绩并要求学校更改。

> 这是过度养育的例子，还是纯粹愚蠢的例子？

7. 瓦莱丽上五年级了，她的学习成绩不是很好，这让她的妈妈很不高兴，她要求和瓦莱丽的所有老师开个会。她想让所有老师都签一份合同，承诺她的女儿会取得足够好的成绩，从而能被一所有声望的中学录取。

> 这是过度养育的例子，还是纯粹愚蠢的例子？

8. 斯科特因为出勤率低、成绩差，被学校除名。他的父母给当地报纸的编辑写了一封信，把这一切都归咎于学校，并声称参加话剧表演是他们的孩子唯一喜欢且擅长的事情，如果学校剥夺了他参加话剧表演的机会，就会对他的未来造成无法弥补的伤害。

> 这是过度养育的例子，还是纯粹愚蠢的例子？

9. 坎迪丝让自己9岁的儿子独自乘坐纽约地铁。这在当地家长中引起了轩然大波，甚至被国际媒体报道。当坎迪丝出现在一个全国性的电视节目中，讨论她让儿子独自乘坐地铁的决定时，主持人问电视前的观众，坎迪丝是"一个开明的妈妈还是一个非常糟糕的妈妈"。[10]

> 媒体的反应是过度养育的例子,还是纯粹愚蠢的例子?

10. 最近,在一所小型幼儿园的家长聚会上,老师在一面展示所有孩子作品的展览墙上,指出了一个孩子的画作。

    老师向大家宣布:"他是个天才画家。"

    这位"天才"孩子的父亲飞奔回家,把事情告诉了儿子。然后,他开始为儿子找美术辅导老师,并向儿子承诺,他们会帮助他画得更好。他儿子看他的眼神就像看外星人一样。

    "爸爸,我只是想画点儿东西而已,好吗?"

> 这是过度养育的例子,还是纯粹愚蠢的例子?

道德之路分岔了

无论我们将父母的某些行为称为过度养育还是纯粹愚蠢,父母所做的选择往往源于他们选择采纳的道德准则。事实上,我们大多数人在年幼时就从父母那里学到了基本的是非观念,后来又在亲戚、老师、教练和导师的教导下不断完善。这些经验教训构成了我们价值体系的基础,对我们来说不可动摇。然而,对许多父母来说,诸如"己所不欲,勿施于人"这样的原则,往往在为孩子寻找进入理想学前班的机会时就已被抛诸脑后。在那个时候，一些父母（孩子并不知情，所以他们觉得这样做没问题）会不择手段地让孩子获得入学资格。在纽约市，有家长为了让孩子进入一所热门学校，会贿赂招生主任，这与多年来求租者向建筑主管行贿以获得公寓的做法如出一辙。"不惜一切代价"是这种情况下常见的口号，但作为家长，当我们这样告诉自己时，我们又能说服谁呢？目的真的能为手段正名吗？在养育孩子这件事上，我们到底在自欺欺人些什么？

"照我说的做，别学我的样。"真的吗？如今为人父母就这么难，以至于我们得靠撒谎和欺骗来帮助孩子出人头地吗？道德之路真的像看上去那样分岔吗？在养育孩子这件复杂的事情上，我们每个人都得回答这个问题。

The Overparenting
Epidemic

第 3 章
过度养育是如何发生的

在美国，过度养育现象似乎始于"婴儿潮"（baby boomer）一代 ⊖，当时的人们在一个教育、工作保障、财富和技术水平都在不断上升的世界中长大。但仅在短短几十年间，"婴儿潮"一代的后代已生活在一个建立在虚荣、消费主义、接受过度、注意力不集中以及几乎所有事情都有捷径可走的社会。我们被告知，我们可以成为任何人，做任何事。

"只管去做。"
"做你能做的一切。"
"打破常规思维。"

来自麦迪逊大道的鼓励颇具诱惑力，继续影响着一代又一代人。

⊖ 指在1946年到1964年间出生的一代人。这一时期，尤其是在西方国家，由于第二次世界大战结束和经济恢复，出现了大规模的生育高峰。——译者注

"遵从你的方式。"
"成为最好的自己。"
"释放心中的野兽。"
"生活就是一场运动,尽情享受吧。"
"王者永不止步。"

这些信息似乎在说给我们每一个人听,引起我们的共鸣,我们好像被赋予了统治世界的能力,至少是统治我们当地或者我们孩子的学校,最不济也能统治我们自己的家。

"一切皆有可能。"
"成功是意志的较量。"
"你值得拥有。"

有了这些鼓舞人心的话语加持,难怪有些父母会感到自己拥有至上的权力,尤其是当他们的世界在物质上不断扩张,他们把自己奉为宇宙的非官方主宰,并且认为他们的孩子亦有权享受同样的好处、奢华和优待的时候。

另外,许多家长看到他们的世界正在紧缩,工作机会流向海外,教育变得更加困难,家庭规模越来越小。受到经济困境威胁的父母担心他们的孩子无法出人头地。可以理解,他们会竭尽所能为孩子提供机会,提升其生活地位并助其取得成功。

定义成功

假设父母为孩子聘请一个辅导团队,在学业上鞭策他,让他取得超出其自身能力的考试成绩,帮助他进入一所对他来说靠自己无法考取的大学,这样算是成功吗?对于一个从小到大所有事情都有人替他打理的孩子来说,如果没有辅导团队牵着他的手,指导他走好每一步,他怎么可能会本能地知道该如何管理自己的时间,更不用说跟上高质量大学的学业要求了。在这个时代,超过 50% 的美国大学生至少需要五年才能毕业,这又有什么稀奇的呢?

据我们在 2014 年秋季采访过的一位美国高中的升学指导顾问说:"有父母拿着已经帮孩子填写好的大学申请表——包括论文来找我!在这个以财富和地位为导向的社会里,父亲的工作就是赚大钱,让家人能继续住在合适的社区,让孩子上合适的学校,而母亲的工作就是让孩子成功。如果母亲没有成功地送孩子进入名牌大学,那么母亲就会被认为是失败的。在这些社交圈里,我们看到家庭的婚姻情感每况愈下,父亲甚至会因为孩子达不到他的期望而与母亲离婚,因为母亲没有尽到她的职责。我们还看到过这样的情况,父亲失业了,这意味着他们不能继续住在合适的社区,孩子也无法继续上贵族学校,父亲无法忍受如此窘迫的环境变化,于是自杀了。在其他情况下,即使没有发生如此严重的事情,也会导致家庭彻底破裂。"

缺乏安全感的父母把自己的问题转嫁给了他们的孩子。也许这些父母在成长过程中没有正面的家长榜样引领他们，因为他们显然不知道该如何为孩子树立合适的榜样。为什么父母如此迫切地想让自己的孩子上名牌大学，在孩子小到还没学会认字时就开始倾尽所能来实现这一目标？

在这一点上，考大学的竞争基本上已经失控。每年申请上大学的人越来越多，这些学校对学生的筛选条件比以往任何时候都要高。如今，许多父母都沉迷于为孩子铺设一条自动获得成功的道路，甚至不给孩子留有任何哪怕是微乎其微的、有选择性的失败机会。这实在是太糟糕了，因为很多失败都比较容易弥补，而且可以作为孩子的学习经验。如果父母能偶尔这样做，我们也许能看到他们会重新定义成功——为他们自己，更好的是，为他们过度养育的孩子。重要的是要认识到，在孩子小的时候，他们的错误和失败是很小的，而且相对容易纠正。当孩子长大后，他们的错误和失败往往会变得更大，纠正这些错误和失败也会变得更加困难。

为人父母的一大好处是，我们不必总是关注自己和自己的缺点。相反，我们可以忙着照顾孩子，希望他们能弥补我们对自己的失望！负责任的感觉起初很好，但很快就会变成别的东西，就像一种痴迷。这是为什么呢？为什么父母会对孩子如此痴迷？是什么驱使父母那样做呢？

"这是我们唯一的孩子。我们必须做好一切。"

这句话我们已经听过无数次了。让我们一起来看看它从何而来。

伊始

你的第一个孩子刚出生。你的希望和梦想喷薄而出,就像节日里最绚烂的烟花表演。你把宝宝带回家,襁褓中的他被丰沛的爱包围着。无论如何,你都想给他最好的。一切都应该非常安全和顺利,没有磕磕绊绊——没有一点儿。

当你的父母和配偶的父母到来时,他们轻声细语,与你相拥,赞美你惊人的生育能力。大家为新生儿的未来干杯,为他将来被哈佛大学录取,为他找到合适的伴侣和顶尖的事业,为他拥有一幢大房子、完美的孩子和成功幸福的生活干杯。你的孩子仅仅出生 48 小时,你就已经开始规划他的一生了!

对于一些焦虑的父母来说,这标志着过度养育的第一个阶段。对于养育第一个孩子的父母来说尤其如此。每次孩子打嗝,父母都会畏缩,考虑是否应该立即跑去急诊室。但是当父母有第二个或第三个孩子时,情况就完全不同了。打嗝、摔跤、哭闹——这些日常生活中常见的焦虑和烦恼——对于有多个孩子的父母来说通常会变得司空见惯。

"自从几年前我儿子出生以来,"北卡罗来纳州夏洛特市的一名建筑师保罗说，"我们身边所有疯狂的科技只会给我带来更多烦恼。例如，最近我在 Facebook 页面上注意到一条关于我们的慢跑婴儿车的召回警告，上面描述了如何撕掉产品标签，因为它有造成婴儿窒息的潜在风险。他们说目前尚未有婴儿真的被噎住，但我肯定不希望我的儿子成为第一个。从他出生的那天起，我就开始不由自主地提防任何可能出错或伤害他的事情，无论大小。我研究了家里他房间的每个警报系统，研究了污染检测器和汽车座椅，直到我在电脑前累得睁不开眼睛。现在，我购买的每一件物品，我都会仔细阅读标签上的每一条警告。我儿子才六个月大，我无法想象他学走路时我会变得多么疯狂。"

小心：内有易碎品

你的孩子真的像你想象的那么脆弱吗？对有些人来说，过度养育从孩子出生时就开始了，父母开始用不必要的襁褓过度保护孩子。接下来，他们会请婴儿教练，参加学前辅导计划，说服儿科医生给孩子开不必要的抗生素。

你的期望可能就像你 2 岁孩子的小小身体一样脆弱。当他没有达到你的期望时——毫无疑问，这迟早会发生——怎么办？当你的孩子之中有一个没有在竞争中占上风时，你会做何反应？

这些问题的答案可以从你的父母如何抚养你的过程中找到。不管父母把我们养育得有多好，我们中的许多人仍觉得有必要做得更好。对于那些童年记忆中留有父母离婚的阴影，父母过度忙碌，无数小时独自面对着电视以及冰箱里堆满了速冻晚餐的人而言，他们下定决心——甚至是痴迷于——为每个孩子赢得每年的"年度家长奖"也就不足为奇了。他们觉得有必要弥补自己曾经缺失的、错过的或不尽如人意的童年。但那段童年真的有那么糟糕吗？上几代人享有在当代社会不易获得的自由。一个人走在上学的路上，有时间思考，或者只是开心地发呆，这对今天的许多孩子来说似乎是一种久远的奢侈。想象一下，你的孩子放学后在无人看管的情况下漫步回家，然后在后院待上几个小时，没有什么特别的事可做，也没有人每隔15分钟检查一次以确保他得到适当的刺激和喂养。

我们并不是建议你抛弃孩子，让他们自生自灭。但父母可以在不干涉的情况下陪伴在孩子身边。这是每个人都应该留心并尽力掌握的一种"舞蹈"。它需要我们观察、注视、倾听，并培养一种感觉，随着一个发展中的个体的起伏，知道什么时候我们应该参与，什么时候应该让步。如果有疑问，就去问。无论孩子多大，他们对何时需要陪伴，何时需要帮助以及何时需要独处有相当敏锐的感觉。

不管你是不是离婚家庭的孩子，你都觉得自己要让孩子的生活尽可能完美，这并不奇怪。你们中很多人可能都对自己发过誓,如果有了孩子,绝不会在孩子面前与配偶争吵,更不会离婚。你的家将是一个稳定而充满爱的地方,一个充满创造力和滋养的地方,一个可以让孩子在这里茁壮成长的地方。无论你的父母有什么缺点,你可能不仅仅是消除这些缺点,为了成为一个了不起的家长,你可能还会通过不间断地参加培训班来消除它们,成为所谓的超级妈妈或超级爸爸。

这样的愿景是好的,但过于热心的后果现在显而易见。我们无法通过控制孩子的童年来成为更好的父母。我们必须愿意让孩子在后院自由玩耍,不受我们的微管控和全神关注,让他们有机会发现自己的缺点、创造力、渴望和优势。你可以在孩子很小的时候就开始实践这种"让孩子亲力亲为 – 父母放手不管"的教养方法,送给孩子一份礼物——独立。

测试!测试!测试!

当父母在没有明确的医学原因和医生转介的情况下,就尽早开始对孩子进行测试,真正的受益者是谁?当然是检测中心,还能有谁呢?测试结果往往会被歪曲,尤其是测试机构还提供后续培训或治疗的话,如果被检测者是一个还不太会说话的孩子,那么测试信息就更可疑了。对于测试结果,家长的反应可能非常满意,也可能极度恐慌。

美国南部一所大学的经济学教授布赖恩说："如果我孩子的测试结果很突出，我是否应该马上请专业老师来帮助他意识到自己具有巨大的潜力？"

"如果我的孩子测试结果不好怎么办？"来自美国东北部的一名计算机软件主管克劳迪娅问道，"我应该请家教帮她纠正不足吗？"

一旦让孩子接受测试，布赖恩和克劳迪娅就会被孩子的分数和可能得到的诊断所困扰。身为父母，像受到诅咒一般，因为他们对这些数字赋予了极大的意义，并希望立即采取行动，无论是最大限度发挥他们的"小爱因斯坦"的潜力，还是"纠正"他们"有缺陷"的孩子。

让孩子进入最好的学前班，被视为进入最好的小学、中学、大学和研究生院的通行证，除了避免整个没完没了的测试，家长们如何才能在压力中游刃有余？没有人可以质疑父母，他们都希望自己的孩子得到最好的，但代价是什么？什么是合理的测试？测试应该从几岁开始？当孩子的初始测试不符合他们的希望和期望时，父母应该怎么做？也许父母也应该接受测试，这样我们就可以确保他们的孩子在成长过程中得到保护，尽管这些父母会做出热心过度的行为。对于2~5岁的孩子来说，更准确的测试应该是针对父母的，测试他们的智商和处事能力，而不是对孩子进行测试。下面的父母能力倾向测验（Parents Aptitude Test）可能会揭示准父母们需要得到帮助的一些重要领域,那么为什么不在为时已晚之前提供这种帮助呢?

父母能力倾向测试

1. 成功的养育意味着:

    A. 你的孩子上了常春藤盟校,成了医生或律师。

    B. 你的孩子会在你年老时照顾你。

    C. 你的孩子享受成长的过程,并对自己感到满意。

    D. 你的孩子非常独立,在13岁时就搬出去了。

2. 孩子应该被看到、听到或接受测试。

    A. 被看到。

    B. 被听到。

    C. 接受测试。

    D. 以上全部。

3. 爱意味着永远不要说:

    A. "闭嘴,上床睡觉。"

    B. "打扫你的房间。"

    C. "别烦我。"

    D. 以上都不是。

4. 如果你的孩子在三年级数学考试中不及格,这意味着:

    A. 人生完蛋了。他数学这么差,永远都考不上麻省理工学院。

B. 你是一个糟糕的家长。

C. 是时候找家教团队了。

D. 以上都不是。

5. 当你儿子的足球教练没有让他上场时，你的反应是：

    A. 去问问自己做了什么导致这样的结果。

    B. 在你儿子面前打教练。

    C. 另找一个球队。

    D. 享受比赛。

6. 当你的女儿在六年级科学展上获奖时，你会：

    A. 告诉她，你为她感到骄傲。

    B. 隐瞒你替她完成了她的项目这个事实。

    C. 雇用一名家教，确保她在科学方面保持佳绩。

    D. 告诉她的弟弟，你期望他明年取得同样的成就。

7. 你的孩子不确定是否想上大学，这会让你感到：

    A. 担忧，没有大学学位，他在这个时代能找到一份好工作吗？

    B. 想自杀，没有上大学，他的人生就毁了。

    C. 高兴，大学费用太高。

    D. 好奇，他为什么会有这种感觉？

8. 如果你的儿子正在遭受七年级同学的欺凌，你会怎么做？

    A. 介入并事后询问。

    B. 忽视，毕竟只是孩子。

    C. 问问孩子发生了什么事。

D. 让你的配偶来处理这件事。
9. 当你5岁的孩子从滑板上摔下来，摔断了胳膊，你会选择：
   A. 控告滑板的发明者。
   B. 耸耸肩，继续向前走。
   C. 在接下来的五年里，把他的游戏活动限制在客厅沙发上。
   D. 以上都不是。

父母能力倾向测试答案

1. 成功的养育意味着：
   C. 你的孩子享受成长的过程，并对自己感到满意。
2. 孩子应该被看到、听到或接受测试。
   D. 以上全部。
   （但"测试"我们建议只是偶尔为之。）
3. 爱意味着永远不要说：
   D. 以上都不是。
4. 如果你的孩子在三年级数学考试中不及格，这意味着：
   D. 以上都不是。
5. 当你儿子的足球教练没有让他上场时，你的反应是：
   D. 享受比赛。
6. 当你的女儿在六年级的科学展上获奖时，你会：
   A. 告诉她，你为她感到骄傲。

> 7. 你的孩子不确定是否想上大学，这会让你感到：
>   D. 好奇，他为什么会有这种感觉？
> 8. 如果你的儿子正在遭受七年级同学的欺凌，你会怎么做？
>   C. 问问孩子发生了什么事。
> 9. 当你5岁的孩子从滑板上摔下来，摔断了胳膊，你会选择：
>   D. 以上都不是。

能力与毅力

我们选择一块蛋糕而不是一串葡萄作为甜点，这没什么好奇怪的。我们知道葡萄更健康，味道也不错，但蛋糕——哦，天呐——蛋糕实在太甜美了，太令人满足了。我们工作这么辛苦，难道不值得拥有它吗？

这是一个关于我们所知道的和我们所感受到的两者之间的较量，是我们每个人每天都要面临的持续斗争，无论是我们的饮食还是如何养育孩子。

"哦，我早该知道的！"

当我们对自己做出的选择感到后悔时，特别是当涉及与孩子有关的选择时，我们经常会听到这样的回答。《纽约时报》最近的一篇文章指出，那些能够延迟满足和控制冲动的父母，他们的孩子会更成功。我们都知道这一点，但我们仍然经常做那些更容易的事，或者让孩子在短期内更快乐的事。当这种情况发生时，我们可能会深感后悔，甚至为轻微的过失感到后怕，但我们往往还是会继续做同样的事情。

在这种剑拔弩张的高压形势之下养育孩子，会迫使形形色色的父母反应过度，做出一些受感觉驱动的事情或采取一些权宜之计，而不是按照逻辑和理智行事。这种情况往往从孩子很小的时候就开始了。毕竟，这些父母的理由是，如果我的孩子要在人生中领先一步，最好在他刚学会走路的时候就开始！

从玩伴日到学前班：过多的课程项目

如今，从孩子蹒跚学步开始，家长们就倾向于过度安排他们的日程表，包括各种各样的学前活动、家教（是的，幼儿家教）、课后班（是的，还有这些）、音乐欣赏、体育活动以及没完没了的玩伴日安排。家长们之所以采取这种方式，可能是因为他们担心，如果不这样做，他们就无法为孩子提供足够的刺激，孩子在以后生活中的重要时刻会落后于他的同龄人。毕竟，如果你的孩子周一学折纸，周二学跆拳道，周四学体操，周五学舞蹈，而你又负担得起这些课程，那么作为一个关心孩子的父母怎么能拒绝呢——尤其是当你一些朋友的同龄孩子也在学这些课程的时候？更不用说每周至少 2~3 天在其他课程之前或之后上团体运动课和音乐课了。当然，周末是留给游戏、演奏会和比赛的。在这种情况下，你的家人甚至还有时间坐下来吃饭，或者观看其他孩子的演出活动，这可真是个奇迹。

这一切对任何年龄段的孩子来说都是必要或者有益的吗？让你的孩子接触新思想、新朋友和博物馆固然是好的，但他们必须每天都与这三者联系在一起吗？孩子们需要自由时间、休息时间、无所事事的时间，不管你怎么称呼它，他们都需要，父母也需要。试想这样的一天，你不再东奔西跑地从一个活动赶往另一个活动。有一天，当你的孩子长大成人，而你也成为祖父母时，你可能会感激自己所付出的时间，但同时也会意识到其中的许多是不必要的，甚至可能是多余的。

安排活动还是休息放松

需要长时间工作或经常到外地出差的父母可能会因为离开孩子而感到内疚。因此，他们往往会过度补偿，要么为孩子安排过多的课后和周末活动，以弥补自己的参与不足，要么在亲子时间里安排太多活动，这些都是为了弥补他们与孩子的相处时间有限而做出的错误努力。这与那些只有部分时间带孩子的离婚父母所经历的现象是一样的，他们试图把一周的养育时间压缩到有限的探视时间里。

例如，迈克是新英格兰郊区一家中等规模餐饮店的服务人员，大多数周末时间都在工作。当他终于有一个周六可以休息时，他希望孩子们能像他一样做好准备并兴奋地一起度过一整天，做些适合父子和父女之间互动的事情。

"嘿，"他对孩子们说，"这个周六我们要做最好的伙伴，我们可以去打保龄球、骑自行车、滑冰！"

迈克并没有考虑到他的孩子们可能在那个周六有其他打算，他们也不一定希望一整天都和爸爸在一起做事。他们可能更喜欢待在家里，什么也不做，但还是很享受这样的时光，因为这样既轻松又惬意，还能和爸爸一起玩耍。

可是，迈克很执着。

"嘿，伙计们，我从来没有周六休息过，我想和你们一起玩，毕竟我们是最好的伙伴，对吧？"

迈克的过度管教可能会给他的孩子带来负面影响。

儿童和家庭心理学家理查德·韦斯伯德（Richard Weissbourd）是《我们想成为的父母：善意的成年人如何破坏儿童的道德和情感发展》（*The Parents We Mean to Be: How Well-Intentioned Adults Undermine Children's Moral and Emotional Development*）一书的作者，他告诉《过度养育的五个迹象》（*5 Signs of Overparenting*）一书的作者克里斯

廷·康格（Cristin Conger）："我们是历史上第一批真正想要和孩子成为朋友的父母。有些父母甚至说想成为孩子最好的朋友。"[1]

韦斯伯德认为，当父母如此注重与孩子建立联系时，他们可能会破坏自己的权威，并以牺牲传统的榜样作用为代价。

由于迈克经常缺席，他可能没有意识到孩子们的时间安排得有多满，也没有意识到他们每个周末至少有一天需要休息。他剥夺了孩子们一些必要的休息时间，使他们失去了在大脑和身体放松的同时可以发挥创造力的机会。迈克下次周六有空的时候，可以选择待在家里放松，这对他自己也会有很大的帮助。你也希望你的孩子能享受独自玩耍的乐趣，在你之外有他们自己的朋友圈，这样他们就不会把所有的时间都用来等你有空陪他们。

但如果不是这样呢

也许迈克是对的。如果他的孩子不去打保龄球、骑单车和滑冰，尤其是不和他一起做这些事情，也许他们会错过一些东西。他们的朋友可能会在这些活动上越来越出色，这可不是什么好事，不是吗？还有，据迈克所了解的亲子关系来看，如果他想要成为像邻居那样的好父母，带着孩子一起露营，举行家庭烧烤，他恐怕得更加忙碌了。

暂停一下。如今的孩子的安排是否比以往任何时候都更紧凑？因为让孩子参加课外活动和学业辅导已经成了衡量父母们是否高效、关心孩子的标准？难道"越忙越好"就意味着生活更丰富，或者在为上大学积累履历的道路上比朋友领先一步？我们是否仍然相信"游手好闲，造恶之源"？

也许迈克的回答应该是："好吧，孩子们，出去玩接球或者做其他你们想做的事情吧。"他甚至有可能在其他家长中引领潮流。

"我不想变成我在游乐场看到的那种领袖式的家长，"蒂娜说，"对孩子过分关心，指挥他们跟谁玩，拿着他们的尼曼·马库斯（Neiman Marcus）[一]的铲子工具接管沙箱。我害怕变成那样，但坐在离孩子6米远的长椅上看杂志，偶尔瞥一眼确认我的孩子还在快乐地玩耍，却让我开始感到内疚。"

不幸的是，蒂娜掉入了一个陷阱，这是如今很多人都会落入的陷阱，在这种夸大其词、渴望成功的焦虑氛围的驱使下，一个人容易被激发出内疚和恐惧，因为他们害怕自己不是最好的父母，害怕会让孩子失望。

如果蒂娜能够抵挡住诱惑，不让自己的噩梦成真呢？她和女儿是否会过得更幸福呢？

值得牢记的是，我们的孩子不是我们的项目，随着他们

[一] 尼曼·马库斯是美国以经营奢侈品为主的连锁高端百货商店。——译者注

长大，我们必须让他们在适当的监管下，越来越多地依靠自己去发现这个世界。这就是难题所在，监管过多与监管不足之间的界限模糊，多大程度的监管才是足够的，什么时候我们应该更进一步，什么时候我们应该后退一步？

我必须戴头盔上床睡觉吗

对孩子感到焦虑不安的父母是过度养育的主要人群。父母的焦虑从何而来，谁也说不清楚，但在事关孩子的幸福这个问题上，父母担心得焦头烂额并不奇怪。但这会对孩子产生不利影响。孩子一有苦恼的迹象——例如，当他们开始学习走路、骑车或开车的时候——过度焦虑的父母们那些毫无来由的担忧可能会让孩子感到窒息。在这种情况下，孩子会变得和父母一样焦虑，这只会增加他们挣扎和失败的概率。

坚持不惜一切代价保护孩子的做法显然会适得其反。处于这些极端情况中的家长通常会出于自身原因对孩子过度补偿，这实质上会产生更多的焦虑，这样做只会导致更多的担忧，而不是将问题正常化。

随之而来的便是从焦虑到纯粹的恐惧。例如，有些父母不允许孩子在没有严格监护的情况下去外面玩，因为他们害怕孩子被拐走。即使在家里，他们也会采取保护措施，确保孩子在玩耍时不会磕碰或擦伤。这不仅包括为婴儿关闭电源插座，还包括遮盖桌子上锋利的边缘，确保所有地板上都铺有地毯，以防孩子摔倒，因为他们很容易摔倒。当父母在孩子的成长过程中表现得如此极端时，他们就无法灵活地在更复杂的问题上找到一个平衡点，比如如何让孩子使用现代通信工具。

当孩子们开始玩耍时，父母们看到铺有橡胶垫的游乐场便会立刻提高警惕（不幸的是，孩子更喜欢在草地上玩耍，草地可能会很脏，理论上草地上的细菌也会更多），无论他们外出、进屋或在两者之间做什么，都要涂上厚厚的消毒凝胶，父母们还要准备一大篮子的汽车座椅、头盔和用于各种活动的身体保护软垫。有人说，所有这类安全装备的流行都是这些产品的制造商为了增加利润而算计出来的，他们先在家长中间制造恐慌，然后通过不断进行一系列研究来进一步助长恐慌，证明生命若没有得到适当的保护是多么危险。

我们希望我们的孩子是安全的，无论是在家里，在学校，还是在上学、放学的路上。他们的身体健康至关重要，但他们的情绪和心理健康也同样重要。父母对孩子安全方面的关注什么时候变成过度保护了呢？

电子战争

我们的孩子有那么多的电子设备和娱乐方式，这迫使父母们不得不对孩子发帖子、发短信、听音乐、自拍和视频剪辑的冲动进行裁决，这不足为奇。过去几十年来，手机和互联网技术的爆炸式发展极大地改变了当代父母的养育方式。目前所有可用的移动设备都使父母能够全天候与子女保持联系，甚至在半夜从各自的卧室给对方发短信。

但这一定是件好事吗？父母应该成为家庭版的美国国家安全局（National Security Agency）去监视自己的孩子吗？2010年，以制造电击枪而闻名的泰瑟（Taser）公司推出了一种软件，可以拦截通过个人手机传送的电话、短信和电子邮件。[2] 这向父母们发出了进入监控行业的公开邀请，孩子成了他们的主要目标。此外，全球定位系统（Global Positioning System）技术还提供了各种可能性，从实时监控一个人的行动（即使是在幼儿园）到跟踪他们每分钟所在的位置。回到家庭方面，当孩子独自一人在家或和保姆在一起时，父母可以使用许多不同的应用程序来进行监控。在儿童失踪的情况下，这种技术还能够为警方提供最新的信息和照片。[3]

没有人会否认这项技术的好处，特别是如果它能保护孩子并在某些情况下挽救他们的生命，但是，对孩子进行电子监控是否也会对父母和孩子产生负面影响呢？用电子绳索拴住孩子，很可能会使我们想要保护的人疏远我们。信任感和责任感都去哪儿了？正常的青少年实际上并没有遇到什么大麻烦，这也难怪他们对被父母像潜在罪犯一样跟踪或追踪感到不满。统计数据显示，这一代人的犯罪率在美国全国范围内都有所下降，因此大多数城镇父母应该意识到这一事实，并给予孩子应得的适龄自由。[4]

哪些父母最容易过度养育

单亲父母、离异者、鳏夫、高成就人士、全职父母、双亲夫妇、A型人格者、收养孩子的父母、想确保孩子得到公平对待的低收入父母等——这个名单可以一直列下去，也就是说，每个人都有可能加入"努力过头"的父母行列。下面是一些比较典型的关于过度养育的父母类型样本。

1. 双收入家庭，有可支配的金钱用于孩子的专项活动。

在世界各地的中产阶层和上层阶层家庭中，父母们热衷于让孩子的生活从早到晚被各种活动填满，周末的活动甚至更多。在一些社区，大家似乎在暗暗较劲，看哪个家庭在孩子身上花费得最多。

朱莉是生活在中国香港的一位母亲，她的儿子和女儿都在当地的名校上学。她和阿塔·约翰逊（Ata Johnson）分享了暑假带孩子们去意大利旅行的兴奋之情。她说，这将是孩子们"最后的狂欢"，尤其是对她儿子而言，因为这是他在上一所高级男子学校之前享受的最后一个无忧无虑的夏天。朱莉的儿子今年才7岁。[5]

2. 工作时间长的父母，他们将课外活动作为方便托育的选择。

在《压力之下：把孩子从过度养育的文化中解救出来》(*Under Pressure: Rescuing Our Children from the Culture of Hyper-Parenting*)一书中，作者卡尔·奥诺雷（Carl Honoré）说，"现在，一切都处于被监督、被安排、被控制的状态中，使我们有一种不愿放手或不确定的奇怪感觉。父母特别想找到一个养育优秀孩子的万能公式，这给他们带来了很大的压力"。[6]

凯文是堪萨斯州威奇托市的一名高一新生，他抱怨自己从来没有一个晚上可以从繁重的家庭作业中解脱出来。

"如果告诉父母我没有任何家庭作业，他们会抓狂到给我的老师发电子邮件，以确保我没有撒谎，然后让我随便学点儿什么，反正就是要学习。我从来没有好好休息过一个晚上。"

事实上，许多家长在家庭作业这个话题上根本无法放松。在家庭作业资源网站 AskKids 于 2013 年进行的一项调查中，778 名受访家长中有 43% 的人承认至少帮孩子做过一次家庭作业，以减轻孩子的压力。[7]

但是，当孩子们被家庭作业压得喘不过气来的时候，家长们就该受到责备吗？我们应该从学校和教师个人的角度来更准确地看待这个问题。

来自内华达州拉斯维加斯的梅格是三个孩子的母亲,她问道:"如果我们不帮孩子做作业,会发生什么呢?孩子在学校会遇到麻烦,如果他们不交作业可能会受到惩罚。然后他们会感觉很糟糕,脾气也会变得非常暴躁。"

一直以来,家庭作业在许多家庭和学校中都是一个颇具争议的话题。

来自密苏里州的学校董事会成员罗伯特说:"大量的研究表明,家庭作业对学生的成绩没有起到重要作用。显然,它既不能激发孩子的独立性或责任感,也无法培养孩子的性格优势。另外,对于自身能力不足和资源有限的孩子来说,完成作业真的是件很困难的事。研究表明了这一点!鼓吹让孩子完成更多的家庭作业简直荒谬至极!所以,我希望看到相关部门能够尽快对我们学区的家庭作业政策进行修订。"

家庭作业的决策制定并不完全取决于家长,更多还是取决于学校董事会和教师,如果父母想让自己的家庭生活变得更加美好,应该考虑加入所在地区的一些声援运动,为减少学校布置给孩子的作业量而奔走呼号。

3. 晚婚晚育的父母,他们把"时不我待"的企业思维带入了家庭当中。这些父母倾向于通过聘请顾问和专家,使养育子女这件事更加专业化,确保孩子拥有最好的一切。

也许下面这个对话最能说明问题。

问：拧上一个灯泡需要几个孩子？

答：是有家庭教师在场，还是没有的情况呢？

4. 琼斯一家（见"追上琼斯一家"）：这类父母就是忍不住。

"我知道过度操控孩子是不对的，"薇姬说，她是住在马萨诸塞州波士顿的三个孩子的母亲，"但如果不这样做，我就会觉得作为家长自己不够称职，就好像我必须让孩子参加和他们的朋友一样多的课外活动才可以。"

压力就这样在父母之间相互传递，他们要求自己必须培养出"全明星"式的孩子。

杰茜卡是加利福尼亚州萨克拉门托市的两个孩子的母亲，面对提问，她说道："倒是愿意谈一下，但我马上得去学校接我女儿克丽丝特尔，直接带她去上芭蕾舞课，就是城里新开的很有声望的那家。然后我们约了她的法语老师在 Le Pain 见，那家法国咖啡馆很地道。然后我们要赶去她的花样游泳队，他们要在乡村俱乐部做慈善演出，我得把克丽丝特尔的照片寄给美国奥委会，因为到 2020 年她就可以加入游泳队了！对不起，我是不是说得太快了？"

5. 不适合陪孩子玩耍的父母，所以他们雇人陪孩子玩儿。

一位年长而富有的父亲，有一个 10 岁的儿子，据说这位父亲请了一个十几岁的孩子陪着他的儿子去自己的乡村俱乐部打网球,因为父亲不想打球,也不想和他的儿子一起打球。

6. 安全狂热式的父母,他们总是不停地担心孩子的安全,并不遗余力地保护他们。

这样的父母随处可见。只要去一个典型的游乐场,你就会看到一些开启了安全狂热模式的家长,他们力图保护孩子远离任何他们认为危险的东西,从沙箱里的沙子到饮水机里的水。

乔治·卡林(George Carlin)在他 1999 年的专辑和 HBO 电视网特别节目《你们都病了》(*You Are All Diseased*)中,哀叹美国人对儿童安全问题过分关注。他开玩笑地说道:"自然选择到底怎么了?如果一个孩子吞下了 7 颗弹珠,也许是自然界并不想让他执行繁衍后代的任务。"[8]

但过度保护的养育方式可不是开玩笑的。当父母过于强调安全时,孩子就无法成长为自信和独立的人。

过度保护孩子的不只是美国父母,印度父母正成为过度保护孩子的代名词。里图不让 9 岁的儿子在德里乘坐校车,因为她听说校车司机的车技水平不是很稳定。桑吉不允许 13 岁的女儿在朋友家过夜,因为他不相信其他父母会提供足够的监管。在加尔各答,当自己 7 岁的儿子在玩攀爬架时，普里蒂总是非常紧张，寸步不离地守护在孩子身边。她也不允许十几岁的女儿参加学校组织的海滩野餐，因为她害怕女儿会溺水。[9]

7. 子女较少的家庭，他们有更多的时间和精力投入到每个孩子身上。

艾莉森在一所学业竞争激烈的高中任大学升学顾问，有时她给家长打电话总能得到迅速回复，她为此感到有点儿惊讶，好像自己的电话是白宫的红色电话一样。有一次，一位父亲给她回电话时，她听到电话那端有种奇怪的声音。

"那是什么声音？"她问。

"哦，没什么，我可以通话，只是在做个结肠镜检查。"电话那头的父亲说道。

艾莉森觉得继续通话不太合适，要求稍后再打过来。谁知这位正在做结肠镜检查的父亲坚持要继续对话，因为这毕竟与他的儿子息息相关，还有什么能比这更重要呢？

艾莉森把这位父亲介绍给了当地的一个育儿团体，该组织致力于帮助父母重新确立价值观的优先次序。

8. 把孩子送到私立学校的父母，收到第一张账单后就开始焦虑不安。

在孩子身上投入过多的现象时有发生,下面这个故事就是例证。

中国香港有一所非常高端、昂贵、口碑极佳且学术要求严格的国际学校,计划在中国内地开办分校,香港校方打算让十年级的学生去分校学习一年。家长们对此意见不一,支持与反对的声音各占一半。最常见的反对理由是孩子会想家吗?不是。是父母会想念他们的孩子?也不是。大多数家长都担心孩子离开他们的家庭教师。[10]

9. 在美国抚养第一个孩子的移民父母,为了帮助孩子出人头地,他们愿意付出一切。

来自世界各地的家庭怀着对机遇的憧憬来到美国。但这些移民父母可不是闹着玩儿的,他们做出了很大的牺牲,并以此为由给孩子施加了巨大的压力,要求他们在学业上取得最高水平的成功。幸运的是,许多这样的家庭来自职业道德感很强的国家,所以他们的孩子在学校里确实表现出色。

当土生土长的美国父母意识到自己孩子的未来受到这种"外来"竞争的威胁时,他们往往会感到恐惧和焦虑,然后会以非理性的方式逼迫孩子,并且会站在他们自己的立场上对孩子进行干涉,最终导致过度养育朝着最糟糕的方向发展。

无论是本土的父母还是新移民来的父母,实质上都把孩子的生活变成了一个又一个需要跨越和闯过的障碍,以期在他们认为的通往巅峰的竞赛中拔得头筹。

10. 对失败抱有抽象恐惧的父母。

在科罗拉多州的科罗拉多斯普林斯市，每年有数百名儿童参加的寻找复活节彩蛋活动的组织方取消了去年的活动，理由是父母们在疯狂涌入小公园的过程中发生了攻击行为，而所发生的一切仅仅是为了让他们的孩子得到一个彩蛋。[11]

是纯粹的贪婪驱使这些父母做出如此恶劣的行为吗？应该不是，因为除非当时科罗拉多州的彩蛋严重短缺，否则这种事情是不可能发生的。那么是愧疚吗？这些父母是感到愧疚才不得不为彩蛋大打出手？还是只有这些彩蛋才能弥补孩子生活中所缺失的那部分？最有可能的原因是，他们不想让自己的孩子感到难过，不想让他们成为那个没有找到彩蛋或者把彩蛋数量最少的篮子带回家的孩子。这又是一个父母试图保护孩子免受失败影响的例子。

给离婚父母的警告

如果你是正在经历离婚或处于离婚后的某个阶段的父母，你可能会容易过度养育，原因很简单，你会情不自禁地感觉自己好像是在和前任争夺孩子的爱。

因为在过去的几十年里，离婚变得越来越普遍，闹剧经常在公开场合上演，孩子也越来越多地被夹在父母不良行为的中间。这些父母总是无法控制自己，在任何事情上都要争论和竞争，包括他们如何对待自己的孩子，这必然会导致双方过度养育。他们经常想借此提高自己在法官面前的地位，以影响探视的次数，进而影响双方将支付或收取的抚养费，因此离婚律师总爱拿这些"超级爸爸"和"超级妈妈"开玩笑。

可悲的是，这些矛盾重重的爸爸妈妈与孩子分离数天或数周后，很快就会失去他们以前拥有的良好判断力。这一点在他们与孩子单独相处时就能看得出来，他们使出浑身解数想成为"更好的父母"来赢得孩子更多的喜爱。这就意味着要努力确保和孩子相处愉快，做孩子想做的事情，几乎不给孩子任何纪律约束，这样孩子就会想在下个周末或假期回来和他们在一起。

如果这是你正在做的事情，那只会导致不良后果。离婚是艰难的，不管离婚过程是多么友好。如果你习惯了每天和你的孩子在一起，然后突然被你和前任达成的协议剥夺了这一特权，那些没有孩子们在身边的孤独的日日夜夜不仅会让你受伤，还会动摇你的信念，让你说出或做出一些令自己后悔的事情。贬低另一方是其中一件，过度溺爱孩子是另一件。

如果你觉得自己很容易受到这一切的影响，那么请寻求帮助来保持你的平衡。

沟通的隔阂可能导致过度养育

面对离婚，父母和孩子承受着很大的压力，同时伴随着不同程度的否认、内疚和困惑。因此，父母和孩子之间的沟通可能会在一些重要时刻受到影响。对于离婚的影响，父母和孩子的看法可能是截然不同的，而且他们无法就此进行沟通，以下研究充分说明了这一点。

英国一家育儿网站[12]对 1000 名家长和 100 名子女分别进行的离婚调查发现，39% 的孩子对父母隐瞒了他们对离婚的感受，20% 的孩子认为沟通没有用，因为他们的父母"只顾自己"，14% 的孩子不能坦率地告诉父母他们有多难过。近三分之一 18 岁以下的孩子称对父母的离婚感到"崩溃"，13% 的孩子将父母婚姻的破裂归咎于自己。

另外，77% 的父母表示相信孩子能很好地面对离婚问题，10% 的父母认为离婚让孩子松了一口气，但只有 5% 的父母意识到，他们的孩子为此而自责。更令人担忧的是，只有 1% 的父母知道他们的孩子因父母离婚而酗酒、自残，甚至企图自杀。

虽然这些数据本身并不能说明父母存在问题，但离婚的创伤会导致父母在内疚的刺激下对孩子过度补偿，这并不令人感到意外，通常他们自己甚至都没有意识到这一点。这项研究还指出，与孩子交谈并倾听他们说话是非常重要的，即使父母有时候并不想听。当然了，这些父母有他们自己的议程安排，他们不过问孩子，也不听孩子说他们不想听的话，或者只是简单地截取符合他们自己对事情看法的只言片语。

你真正在帮助谁

从这些父母群体中可以清楚地看到，我们所有人都容易受到过度养育的影响。我们当中的大多数人偶尔会过度养育，尤其是在人生遭遇危机的时候，因为我们都想把最好的留给孩子。我们不希望任何人在孩子迈向成功的道路上插队，为了保护他们，我们时刻准备着为他们脚下的每一步路保驾护航。虽然这听起来不错，但我们要充分考虑到所有这些关注、保护和支持的后果。

芝加哥哥伦比亚大学哲学教授、杰出学者斯蒂芬·阿斯马（Stephen Asma）在 2012 年出版的《反对公平》（*Against Fairness*）一书中总结了父母的道德冲突。

"如果某个科幻小说里的巫师来找我，说我按下这个按钮就能救我儿子的命，但接着（刺耳的音乐响起）就会有 10 个陌生人在某个地方死去……我会在巫师完成他的神秘挑战之前毫不犹豫地按下按钮。"[13]

对热衷于竞争的父母来说，我们生活在一个竞争异常激烈的世界里，我们之所以替孩子做各种选择，归根结底是因为持有一个根深蒂固的观念：适者生存。

苏济来自纽约市布鲁克林区，是四个孩子的母亲，2013年她在接受我们的访谈时说："外面的世界是一片丛林，我的孩子要么进入好学校，要么进入五年级排球队的首发阵容，否则别的孩子就会进入，这可能会决定孩子以后能上哈佛大学还是当地的社区大学，完全是天壤之别。"

尽管苏济的本意是好的，但在情感上、心理上和经济上对孩子投入太多，可能会让我们做出一些对自己和孩子都适得其反的事情。也许，重新考虑我们自己的行为才是一个明智之举。并不是每个孩子都注定要进入常春藤盟校，有些孩子在其他地方可能会发展得更好。对于一些孩子来说，社区大学其实是一个理想的去处，尤其是在他们高中毕业后的头一两年，还不知道自己想要学什么、做什么的时候。对于希望把钱花在刀刃上的父母来说，这可能是一个明智的选择。我们要认识到一个很重要的事实，那就是许多在个人幸福、经济领域和家庭生活方面非常成功的人士都曾就读于社区大学和非常春藤盟校。

克服困难

在当今的育儿世界里，父母很容易就做过头，尤其是考虑到如何驾驭一切才能为孩子提供最好的保障。从让孩子进入一所好学校，到各种教育信息不断劝诱，还有辅导机构的鼓吹，压力纷至沓来。家长被告知必须翻越一座座陡峭的高山，才能确保孩子考上好大学。如何抵制过度养育的冲动，父母们面临着一场意志的较量。

有时候搞砸一件事情是不可避免的，这可能根本不是你的错。就像你年轻时很容易屈服于同辈的压力一样，成年后也是如此，尤其是如果你对自己和孩子赶超同辈的能力感到焦虑的话。无论走到哪里，你都会受到各种诱惑，来告诉你该怎么做才能让你的孩子获得某种微弱的优势。

就好像我们需要为那些无法控制自己的父母制订一个12步计划，或者是一个让他们停止拯救孩子的类似于匿名戒酒者协会的计划。我们可以再一次将此归结为：聪明一点儿，学会放手，确保你有独立于孩子之外的自己的生活。

诱惑无处不在。在商店里，育儿自助类书籍（就像这本！）就放在儿童书籍旁边，你可以在网上找到更多诸如此类的书。一些学校允许家长每天下载孩子的成绩，这样父母就可以把成绩贴在家里的冰箱上或晒到 Facebook 上。"拯救你的家庭"这类主题研讨会在每一个地方的育儿杂志上都刊登了广告，全国性的出版物也在不停地告诉你做错了什么，（差不多）做对了什么，以及有什么神奇的新建议可以让你的养育效果立竿见影，对你和孩子更有助益。如果你现在仍在职场打拼,那些大学招聘人员、考试公司和不断扩张的家教行业都在盯着你的钱包,更不用说学费昂贵的私立学校和寻求捐款的家长教师协会了。再加上科学的推动,通过使用注意缺陷多动障碍药物来提高每个人的成绩,因此父母在很多时候感到失控也就不足为奇了。难怪那些聪明能干的父母会辞掉工作,全身心地投入到孩子身上,但过不了多久,他们就会发现种种压力会把他们逼疯,甚至逼成临床意义上的神经症,这无疑会很快影响到他们的孩子。

The Overparenting
Epidemic

第 4 章

孩子的苦与乐

从肯塔基州到加利福尼亚州，家长们都对孩子的体育活动十分痴迷。你可以看到他们在篮球赛、足球赛和排球锦标赛的现场，举着孩子的巨幅海报，为孩子加油助威，以至于参加比赛的其他人可能需要请他们小点儿声，并提醒这些家长，他们的孩子并不是唯一在比赛的人。有些家长会如此"热情"，以至于他们的行为——他们认为只是支持孩子的行为——会让他们被赶出体育馆。

一些家长非常渴望孩子在他们选择的运动项目中脱颖而出，因为这可能是通往大学教育的入场券。众所周知，这些家长会把孩子从一所学校转到另一所学校，寻找最理想的环境，以保证孩子有最多的上场时间，并能让大学球探看到他们的表现。

在全国各地，这些严厉的妈妈和执着的爸爸正将"支持性养育"推向一种前所未有的狂热和压力状态。YouTube 网站上到处都是这样的视频片段：四五岁的孩子带着足球穿过球场，然后在充当守门员的孩子面前进球，这个 4 岁的守门员在对方射门时可能根本就没有面对飞来的球，而是对球场边一只路过的松鼠更感兴趣。

这些家长发布这些视频片段并不是因为他们的孩子有多可爱，而是因为他们认为自己的孩子在某种运动上天赋异禀，以至于招募流程应该在孩子还没完全脱下纸尿裤时就开始，并在孩子成长的过程中持续进行，等孩子上高中时，这场大战就会进入白热化阶段。

所有这些焦虑不安、热衷于晋升的家长都有一个共同点：他们希望自己的子女足够优秀，能够获得奖学金进入大学深造，而他们认为体育运动就是入场券。但是，如果家长急于求成，会容易引发与其他家长、教练甚至孩子之间的冲突。

对于那些打多份工的单亲家长来说，体育奖学金可能是他们唯一能想到的送孩子上大学的途径。因此，当这些家长观看比赛时，他们往往会忘乎所以。我们多次看到家长在看台上大打出手，在比赛暂停期间失去控制，说服教练给自己的孩子更多上场机会的场面。情况严重时，甚至需要保安护送这些过于激动的家长离开体育馆。

这听起来像是真人秀的完美场景，如果有一天我们在荧屏上看到类似的场景也没什么可大惊小怪的。我们可以对于一档名为《篮球妈妈和她们羞辱的孩子》(Basketball Moms and the Kids They Humiliate)的节目一笑置之，但我们难道不应该考虑一下这些案例中的孩子吗？当他们的父母公开做出这种行为时，这些孩子会做何感想？一般来说，孩子们不会喜欢这种行为，尤其是在他们的朋友和队友面前。

但是许多家长仍然坚持这样做，逼迫孩子参加一场又一场比赛，让孩子在业余时间还要接受专门的指导训练，这意味着在某些情况下，为了追求运动梦想，不得不牺牲学业。

这究竟是谁的梦想？如果这些"明日之星"未能实现梦想又会发生什么？由于专注于体育运动（通常是全身心投入），许多孩子很少花时间在学业上，能考上一所社区大学就很幸运了。由于错过了与同龄人的社交活动和课余活动，他们中的许多人会对父母心生怨恨。如果没有那些能培养社交技能和自立意识的经历，这些孩子在遭受了他们眼中的"人生第一次重大失败"之后，将无法很好地继续生活。可悲的是，由于他们在成长过程中几乎没有学会应对失望的方法，因此毒品和酒精很容易成为方便的替代品。

喜欢与否

就像我们无法预测孩子将来会成为什么样的人一样，当我们把孩子带入青少年运动的世界中时，我们也不一定知道自己会遇到什么。我们知道，在团队环境中培养运动技能可以帮助孩子建立自信，学会与他人相处和分享。但如今，即使是业余联赛也相当激烈，可能会给孩子带来比我们预期的更为激烈的竞争。一些教练是友好的家长，如果你愿意，也可以称呼他们为"纸杯蛋糕提供者"，他们对比赛的了解并不比孩子多，只想确保每个孩子都有一套队服，并得到平等的上场时间。而另一些成年人则把比赛看得很重，他们经常把孩子们置于一种危险的境地，在那里，胜利就是一切，一个孩子的自尊心和感受却无关紧要。对于这些教练来说，目标不是让孩子们在发展技能和社交的同时自我感觉更好，他们打着要为团队赢得胜利的幌子，让孩子们为自己追求胜利，有时甚至不惜一切代价。

你会识别出这些家长志愿者，因为他们会让你想起中学时代的霸凌者，在操场上推搡其他孩子，如果女孩不给予他想要的关注，他就把女孩推到栅栏里。现在，他们已经长大成人，有了自己的孩子，这些男性（大多数）选择负责教自己的孩子和你的孩子公平竞争、团队合作的优点，巧合的是，还教他们如何扔球。

小心：这些教练、爸爸和妈妈们为了赢得比赛会不择手段。在联赛规则要求人人拥有平等的上场时间的情况下，他们会篡改轮换模式，以便让他们最好的运动员上场时间最长。他们会在年轻球员的众目睽睽之下粗鲁无礼地挑战裁判，为孩子们树立恶劣的榜样，而他们本应向孩子们传授良好的体育精神。而且，因为他们还没有完全意识到，他们已经从高中毕业很多年了，他们的运动生涯已经结束了，他们不惜一切代价赢得比赛，哪怕是作弊或违反规则，也要在家长教练们的面前出风头。

洛杉矶市的约瑟夫森研究所（Josephson Institute）对500多名学生进行的一项研究发现，学生运动员可能是最不诚实的一群孩子。该研究所发现，超过72%的足球运动员承认在各种考试中作弊。这种态度从何而来？研究表明，这可能源于教练。[1]

本应是培养技能、塑造品格的体育活动，为何会变成这样？在当今这个时代，父母帮助孩子出人头地的压力巨大，父母总是害怕孩子会失败（这意味着他们作为父母也是失败的），任何事情都是公平竞争的，这几乎适用于任何领域。这些父母在焦虑和绝望的驱使下，会为了孩子的利益而不择手段。在上几代人中，直到高中才开始有由成人监督组织的体育活动。父母只有在能请到假或赛事非常重要的情况下，才会去观看比赛或参加活动。除此之外，父母和孩子就在后院里进行简单的接球游戏，分享他们的运动成果。

成绩并非一切

虽然这不一定是最具有运动精神的事情，但还有什么比看着一对父子在后院玩接球游戏，或者更棒的是，他们独自在球场上假装正在参加一场重要的世界大赛，更让人开心的呢？在一场简单的接球游戏中，父母和孩子之间温馨又安心的互动，看着这样的场面让人感到很温暖。你把球扔给别人，等一会儿，球又回来了！每一次都是如此！如果你的父亲有点儿投球的本领的话，在你还是个孩子的时候，他看起来肯定是有这个本领的。事实上，对于大多数青少年来说，玩接球游戏就像一条完美的移动安慰毯，每一次抛掷都代表着你在这个世界上可以信赖的东西。当你把球——那个你想象中永远都不会交出去的宝物——扔出去之后，你会把它拿回来！你在这个世界上最信任的人会继续赢得你的爱，因为他会把爱抛回来！那个人花时间陪伴你，教导你，向你展示他并非完美无缺，因为他偶尔也会失误掉球或投错球，但每一次传球和接球，你都感觉自己是绝对的赢家，这才是最重要的！作为家长，你也会感觉自己是赢家，因为除了教孩子如何玩接球游戏，你还和孩子一起做了一些更为重要的事情。

那么那些在球场边、球场上、观众席上或者家中后院过度养育的父母身上发生了什么？他们怎么能仅仅因为孩子对他们来说太重要，就烦扰眼前的每一个人呢？仅仅是为了获得大学奖学金吗？是觉得自己如此重要，所以孩子也必须如此吗？对于一些家长来说，比如本章开头提到的那些家长，这就是他们不断逼迫、逼迫、逼迫并且不计后果的全部理由。但对于许多其他家长来说，尤其是那些能够负担得起大学学费（以及偿还贷款）的家长，他们为什么要如此拼命地逼迫孩子？为什么要如此大声地欢呼？他们真的认为自己的孩子是球场上或音乐剧里唯一的主角吗？是因为他们认为孩子是自己的延伸，在某些情况下，孩子可能在弥补父母自身的不完美吗？

无论你的孩子是初出茅庐的学生运动员、演员、舞者还是象棋手，他选择参加任何活动都有其独特的理由。或者，是孩子自己选择的吗？一些家长会让孩子参加戏剧、音乐或舞蹈课程，有时甚至是三者全部参加，而很少考虑孩子的喜好。他们认为这只是孩子应该做的事情，这样孩子才会有文化、有修养，在今后的人生道路上才会更有前途，这也意味着最终可能被名牌大学录取。有些家长甚至会聘请私人教练作为孩子定期训练计划的补充，这也是为了让他们比其他人领先一步、更胜一筹。

所有这些做法的结果是，许多孩子花太多时间在单独的活动中，比如钢琴课（需要必要的单独练习时间），或者在受监督的团队运动中，训练和比赛的每一分钟都被教练、裁判和无处不在的家长们盯着。

来自乔治亚州亚特兰大市的卡伦是一位有两个孩子的母亲，她为那些孩子可能不擅长运动或艺术的家长们描绘了一个新的选择。这些家长不想浪费任何时间去开发孩子的其他才能，而是直接把他们培养成顶尖人才。

"最近，我认识的一位家长向我推荐了一个培养孩子执行能力的课程,当时,我感觉非常不适。我儿子才6岁!他还在玩乐高积木,他不需要现在就管理公司,他可以在9岁的时候再做这些。开个玩笑。说真的,如果你有小孩,为什么不能让他们好好放松,享受童年呢?这段时光很短暂。一旦他们长大成人,就会被上大学和成为成年人的压力裹挟,这意味着他们的余生都将如此,所以我告诉那位家长,我不会为我儿子安排执行能力培训课程,她应该回家去过自己的生活。"

孩子们需要自由玩耍的时间。把它当作一个教育契机吧。如果你需要有人给你许可,让你的孩子这样做,或者如果你需要一个处方,指示你退后一步,让你的孩子做个孩子,那么请随意使用这本书作为你这样做的许可证。玩耍是一种简单的人际互动,是我们人类每天都要面对的基本难题之外的一种快乐选择。不幸的是,大多数成年人在度过童年之后就忘记了这一点。但是,如果一个孩子在小时候没有学会玩耍,没有学会自娱自乐,没有从自己所做的事情中获得过快乐,那么他长大后也永远学不会。作为人类,我们本质上是自私的,但在生物学上也是社会性的。虽然我们喜欢与他人合作,但同时也总是在为自己着想。找到这种平衡是孩子们每天都在做的事情,在家里和兄弟姐妹在一起玩耍,在课间与朋友一起玩耍。让他们去做吧。让他们做回孩子吧!

父母能做的最好的事情就是放手,让孩子们自己去解决问题,就像他们小时候可能做的那样。还记得"良性忽视"

吗？如果孩子需要帮助，他们会来和你倾诉的。

电子产品的诅咒与拇指之战

在过去，当人们说某人有"绿色拇指"（green thumb）时，意思是他很擅长园艺以及其他与地球母亲相关的活动。现在，我们几乎再也听不到这个词了，特别是对于21岁以下的人来说，他们的反应可能是："你有绿色拇指？啊，什么？你的手机是绿色的吗？你发短信的时候，它会把颜色渗到你的拇指上吗？"

虽然这句话可能反映了我们这个时代某种推断思维的技巧，但同时也说明了当今大多数孩子在成长过程中都离不开手机和其他通信设备，他们的生活是多么局限和单一。

俄勒冈州波特兰市四个孩子的母亲莫莉说："这并不是有没有空闲时间的问题。我最小的孩子和其他许多孩子都有大把的空闲时间，但他们几乎从来不到户外玩耍。我认为这必须考虑到现代文化和技术的因素。现在大多数孩子都会选择看电视或打电子游戏，而不是和其他孩子一起玩儿。他们宁愿待在家里打电子游戏或使用手机做点儿什么。我曾试图限制孩子们接触这些东西，但当其他孩子来家里玩时，他们都只想着这些。这是我们社会面临的一个巨大问题，但这不是学校的问题，也不是家长的问题。只是我们整个世界都在向这个方向发展，我不知道该如何阻止它。"

莫莉并非个例。许多家长都后悔当初屈服于尚处于青春期的孩子，给他们买了手机。诚然，手机让沟通变得更容易，但代价是什么呢？我们大多数人都希望孩子能花更少的时间待在室内玩电子设备，而花更多的时间在户外与他人和大自然互动。即使是两三岁的孩子也能接触到父母的智能手机，手机里下载安装了游戏，只要一有空，无论是在家里还是坐在餐厅等午餐的间隙，他们都可以玩游戏。

但并非所有人都认为电子设备会阻碍或抑制社交互动和社会发展。弗吉尼亚州阿灵顿市的未来学家和数字战略家苏珊·库恩(Susan Kuhn)在接受《德瑟雷特新闻报》(*Deseret News*)的迈克尔·德格罗特（Michael De Groot）的采访时表示，很多人反对智能手机，反对让孩子拥有智能手机，背后的原因主要是恐惧。[2]

库恩告诉德格罗特："信息技术的发展速度超过了人类历史上的任何时期。关键是不要只看设备本身，而要看它所扮演的角色。"

新技术的吸引力显而易见。孩子们可以在手掌中创建网站、制作视频、即时分享、传送其他有趣的东西，并且可以随时随地扩展他们的学习选择——无论是在学校、在家里还是在路上。

库恩在德格罗特的同一篇文章中表示："智能手机在未

来将扮演非常重要的角色。家长应该希望自己的孩子能够掌握并使用好这一工具。孩子们将在一个即时通信和信息爆炸的世界中长大。当我们帮助孩子成长为能够适应未来世界的人时，我们才是真正为他们好，而不是让他们生活在我们感到舒适的世界或者我们成长的那个世界。"

对于今天的孩子来说，学习如何在远离连接和商业刺激的生活中平衡科技是否为时已晚？这艘船是否已经起航，或者说，父母们还能在孩子使用电子设备与接触大自然和体育活动之间取得平衡吗？也许最新一波的父母会更加努力，从自家的后院或当地公园开始，让他们第一个出生的蹒跚学步的孩子感受大自然的魅力。

过度使用智能手机可能让孩子更刻薄

电子设备会帮助人们逃避自我和感受，尤其是悲伤或不愉快的感受。通常在经历了孤独或失去之后，我们才会明白自己为什么会有这样的感受，从而想出新的、积极的和富有创造性的方法来应对深层次的问题。用电子玩具让自己保持兴奋，是一种通过假装这些感觉并不存在来逃避它们的方式。如果我们选择了这条路，就永远无法处理这些问题，也无法继续生活下去。

喜剧演员路易斯·C.K.（Louis C. K.）曾向科南·奥布

赖恩（Conan O'Brien）明确解释了他为何不喜欢智能手机文化，以及他为何不会给自己的孩子买一部手机。他首先提出，智能手机的使用是当今孩子变得更加刻薄的原因。

"我认为这些东西是有毒的，"他对科南说，"尤其是对孩子们……他们和别人说话时不看对方，也不会建立同理心。"[3]

短信打开了一扇门，让人们可以在没有任何现实对峙的情况下交流伤害性的话语和情感，这使得儿童之间的欺凌行为更容易发生。智能手机同样也会给成年人带来负面影响，使我们中的许多人沉迷于与他人沟通，无时无刻不在"接触"周围发生的一切。

路易斯·C.K. 在接受科南采访时，对发短信的弊端发表了自己的看法。

"这就是我们边开车边发短信的原因。我环顾四周，几乎 100% 的司机都在发短信。他们这是在杀人，每个人都在用车子互相残杀。但人们愿意冒着夺走他人生命和毁掉自己的风险，因为他们一刻也不想独处——独处太难了。"

他说得很有道理。所有的技术、持续联系和刺激的能力，都会让我们无法获得真正的独处和平静。对我们的孩子来说，情况可能更糟，因为他们在成长过程中别无选择。如今，很少看到孩子手里没有电子设备在外面闲逛，尤其是当他们有了自己的手机之后。难怪今天的孩子们很难静下心来，什么也不做，让生命渗入内心。

作为父母，我们难道不应该帮助孩子适应独处的时间，让他们明白有时候我们每个人都是孤独的，无论喜欢与否，这都是生活的一部分吗？我们难道不能哄劝孩子，让他们体验自己的感受，而不必通过不停地给朋友发短信来分散注意力吗？

实质上，路易斯·C.K. 所要表达的是，电子设备可以成为我们逃避处理自身感受和避免与他人进行真实交流的一种方式。感觉、沟通和关系是我们作为人类的本质所在，然而这些设备却在帮助我们回避建立真正的联结。

自由玩耍的挑战

在过去的两代人中，美国的孩子们享受自由时间和玩耍的机会越来越少。

在《玩耍的孩子：一部美国史》(*Children at Play: An American History*)[4] 一书中，作者霍华德·丘达柯夫 (Howard Chudacoff) 将 20 世纪上半叶称为儿童自由玩耍的"黄金时代"。

在工业革命初期的高潮之后，对童工的需求减少，因此到 20 世纪初，孩子们有了更多的自由时间。但是，随着成年人开始增加孩子的课业时间，孩子们的闲暇时间逐渐减少。与此同时，家长们开始限制孩子独自玩耍的自由，即使是在学校放假，孩子也没有家庭作业的时候。成人指导的体育运动开始取代临时组织的比赛和沙地上的体育活动，课外班和辅导班开始取代业余爱好。

更糟糕的是，随着犯罪率上升，家长们开始感到害怕——在很多情况下，这种害怕是理所当然的——并开始阻止孩子在无人监管的情况下和其他孩子在外面玩耍。即使许多地区的犯罪率有所下降，这种心态也没有多大改变。事实上，有组织的体育活动、艺术课程和课外学术活动越来越多，孩子们的自由时间比以往任何时候都要少。

随着孩子们自由玩耍的选择减少，儿童精神障碍的诊断却增加了，这并非巧合。因为以前可能被漏诊或未被诊断的疾病现在被发现了，而且，在此期间，新的诊断类型也被不断加入到已有的诊断体系中。例如，自20世纪50年代以来，美国普通学龄儿童被要求接受相同的临床问卷调查，旨在评估焦虑和抑郁。对过去几十年调查结果的分析显示，年轻人的焦虑和抑郁水平持续上升，基本上呈直线上升趋势。如今，被诊断为广泛性焦虑症和重性抑郁的比率是20世纪50年代的5~8倍。在同一时期，15~24岁年轻人的自杀率增加了一倍多，15岁以下儿童的自杀率则增加了四倍。[5] 其他诊断，如注意缺陷多动障碍、阿斯伯格综合征和双相情感障碍在儿童群体中也在增加，因为心理健康行业给孩子们贴上了各种不同的标签，这些孩子过去被认为有点儿与众不同，但仍然能融入社会，与其他人打成一片。现在，他们常常被贴上标签，并被送进专门的治疗或训练项目中。

这表明，孩子们自由玩耍的好处被弃之不顾，取而代之的是家长们越来越多的过度安排。我们必须查验一下，从短期和长期来看，谁能从这一趋势中获益。从课后"学习伙伴"项目到"儿童橄榄球"（Pee Wee football）项目，从大学理事会考试备考机构到音乐学校和舞蹈工作室，所有这些为家庭提供服务的私营公司，在当今的市场上创造了一个价值数十亿美元的产业。这些企业都不希望看到孩子们有更多的空闲时间。事实上，他们想要的恰恰相反——更多的课程、更多的孩子、更多的金钱。在公共部门，公立学校正在努力为学生家庭提供更多的服务，这些学生很多来自单亲家庭或双职工家庭，这些家庭都需要更多的日常托育服务。

不管怎么说，今天的孩子们正越来越多地被推动着参与各种不同的活动。其重要性被视为——并被推销为——提高儿童整体教育水平的问题以及公共卫生问题。随着儿童肥胖率的上升，家长被鼓励让孩子参加课外体育活动也就不足为奇了。对于承认孩子有体重问题的家长来说，这可能是有帮助的，但为什么同处于这个健康等式中的自由玩耍时间却不被认为是有价值的呢？不管怎样，自由玩耍时间一定不是让你的孩子独自坐在房间里玩电脑或其他电子产品。

没有人能否认的是，父母在给孩子安排越来越多的活动时变得越来越警惕。多少活动是有帮助的？孩子们何时会不堪重负？当家长们看到其他家长让孩子参加各种活动时，他们的反应是给自己的孩子报名参加更多活动，这种做法营造了一种竞争的氛围，家长们开始相互比较，看谁的孩子能参加更多的活动，或者如果你没有为孩子安排足够的活动，是不是意味着你是一个糟糕的家长？在这种情况下，家长们的判断力暂时失效，他们陷入了一个旋涡，为孩子争取一切可能获得的"特殊"机会，到头来却剥夺了孩子们最需要的东西：休息和放松。

欺凌：界定我们作为父母的角色

在学校里，孩子们可以在无人看管的情况下玩耍，并有更多的课间休息时间，这无疑会让他们受益匪浅，但这两种休闲活动也会招致欺凌，而且有些欺凌行为可能相当恶劣。欺凌本身并不是什么新鲜事，但正如我们的新闻媒体不断报道的那样，这一问题似乎已经愈演愈烈。网络欺凌在其中扮演了重要角色。由于电子邮件、短信和社交网站变得如此普遍，欺凌行为发生的数量呈指数级增长。以前，从放学回家后到第二天上学前，你都是安全的，可以避免受到校园欺凌。但在当今的电子时代，孩子们永远无法真正摆脱欺凌的威胁。除非有人切断你的电源，否则你将无处可逃,无处真正安全。

佛罗里达州波尔克县治安官格雷迪·贾德(Grady Judd)说:"小时候,我还记得'棍棒和石头可以打断你的骨头,但言语永远不会伤害你'这句话。"他于2013年主审了丽贝卡·安·塞德威克(Rebecca Ann Sedwick)一案,这名12岁的女孩在遭受了一年的面对面欺凌和网络欺凌后自杀。这位治安官补充说:"如今,文字会留下痕迹,因为它们被打印出来,永远存在。"[6]

特别是学校,正试图对这种危险活动进行监管,但由于大部分活动都发生在课外时间,因此学校很难做到有效监管。不过,学校可以对发生在自己地盘上的欺凌行为采取一些措施。

密歇根州兰辛市一位有两个孩子的母亲阿普丽尔向我们描述了她的情况:"我孩子的小学最近开始在午餐时间监管有组织的体育活动,以前孩子们总是在没有什么人监督的情况下闲逛,这肯定很容易发生欺凌事件,而现在学校的氛围确实得到了改善,许多孩子因为这一管理上的改变而更喜欢上学了。"

那么,父母在阻止欺凌行为方面又发挥了怎样的作用呢?英国华威大学医学院发展心理学教授迪特尔·沃尔克(Dieter Wolke)博士认为,父母的过度保护会增加孩子被欺凌的风险。[7]在发表在《儿童虐待与忽视》(*Child Abuse*

& *Neglect*）杂志上的一项研究中，研究人员对 70 项关于 20 多万名儿童的研究进行了元分析。

沃尔克报告说："由于父母的支持和监督是预防欺凌的重要方面，研究人员尤为惊讶地发现，过度保护的养育方式会对儿童产生不利影响。据他们评估，父母过于努力地保护孩子不受伤害，实际上会伤害到他们。"

沃尔克认为，养育孩子的目标是让孩子成为有能力、能自我调节和高效的人。就像我们不应该在孩子每次流鼻涕时都用抗生素来治疗一样，我们也需要给他们机会学习如何应对压力，虽然是在适当的剂量下。如果他们不学习这些小的人生功课，他们在面对更大的问题（如欺凌）时就会遇到困难。

无论我们的孩子是被欺负了还是欺负了别人，我们是否应该干预？如果是，何时干预，如何干预，干预多少？这是一个艰难的抉择，实际上也不可能一概而论。但是，过度保护的养育方式似乎往往会培养出更脆弱或更容易被欺负的孩子。在一个孩子看来是欺凌的行为，在另一个孩子看来可能只是一些无害的嘲弄。这是一个与年龄、环境、兄弟姐妹数量、孩子的出生顺序以及亚文化的细微变化有关的问题。除了过度保护或干预之外，父母的支持还可以有很多方式。一名初中生不断受到欺凌，并向父母透露了这一情况，父母告诉他，制止欺凌的唯一办法就是把欺凌者揍一顿。虽然他的个子比欺负他的人小，但他还是照做了，虽然两个孩子后来没有成为朋友，但这件事还是结束了。这比父母介入干预孩子或让欺凌者的父母参与进来更有效，因为欺凌者的父母通常本身就是欺凌者。

由于美国社会中的一些人对种族、宗教和性别差异的接受程度较高，因此儿童（成年人也一样）之间的互动也就更加宽容和富有支持性。但是，我们还可以做得更多，大量欺凌现象依然存在就证明了这一点。事实上，我们应该关注的不仅仅是欺凌的直接影响，在许多情况下，它可能会产生持久的影响。

据《纽约时报》报道，欺凌问题专家、约翰斯·霍普金斯大学青少年暴力防治中心（Center for the Prevention of Youth Violence）副主任凯瑟琳·P. 布拉德肖（Catherine P. Bradshaw）说："童年时期遭受欺凌的经历会对成年后的心理健康产生深远影响，尤其是对那些既是欺凌者又是欺凌受害者的青少年而言。"[8]

2013 年 2 月发表在《精神病学纪要》（*JAMA Psychiatry*）杂志上的一项关于校园欺凌的长期影响的研究表明，受害者和欺凌者都有可能面临更高的问题风险，这种风险会一直持续到成年期。[9]

该研究的第一作者、杜克大学医学中心精神病学和行为科学副教授威廉·E. 科普兰（William E. Copeland）说："我们实际上可以说，成为欺凌的受害者所产生的影响，会延续到十年后，而且会比儿童时期的其他精神问题和其他逆境的影响更严重。我们所观察到的模式与儿童在家庭环境中受到虐待或粗暴对待时的模式是相似的。"

该研究所提供的证据相当令人生畏，也值得我们关注，但我们的孩子在此时此地可能发生的现实情况——尤其是正在发生的网络欺凌事件——更令人担忧。

新的应用程序层出不穷，家长很难跟上孩子们使用的社交平台和照片分享软件的迭代。对于青春期的孩子来说尤其如此，他们的独立性刚刚崭露头角，即使不被尊重，至少也应该得到承认。那么，父母如何知道应该什么时候介入呢？什么是介入过多或者介入过少呢？

佛罗里达州波尔克县的治安官贾德说得最好："要留意孩子在网上做什么。注意观察。不要再做他们最好的朋友，要做他们最好的父母。这很重要。"

"我本可以成为孔滕托[一]"

白兰度女士在成人课堂上说："我们必须首先从父母的行为中寻找欺凌的根源。"白兰度女士为那些因轻罪指控而

[一] 德国足球运动员。——译者注

被捕的家长提供治疗，这些家长出于与自己孩子有关的原因而对其他家长、老师或教练做出过激行为。

她继续说："不难发现，有些家长试图恐吓孩子的老师，甚至对孩子的教练大打出手。其中一些家长即使不接受正式的治疗，显然也需要好好上一下养育课程。"

"是的，我知道，"曾是半职业冰球运动员的特伦特插话说道，直到最近，他还在指导他的儿子参加六岁孩子的儿童联赛（Pee Wee league）。"这意味着我们的孩子会让我们非常沮丧，比如他们摔倒在冰面上没有得分，然后当他们做对了事情时，比如赢得比赛，他们又让我们非常高兴。"

"没错！"白兰度女士（与马龙·白兰度无亲无故）叫道，从她凸起的眼睛来看，她显然对班上同学的反应很不满意。"你，特伦特，还有在座的大多数人，把生活中的一切都围绕在你的孩子以及孩子对你的影响上。让我们从第一个错误开始说起。比如，说到孩子们在冰上玩游戏，滑冰的刀片只有菜刀那么厚，我们就应该意识到他们会摔倒，而且会经常摔倒。那么，特伦特，既然你知道在高速滑行的同时试图控制一个移动的冰球有多么困难，为什么上周你还冲到冰上对着你儿子大喊大叫，就因为他没射进球，把冰鞋卡在了球门网里？然后又是什么促使你在裁判试图干预时对他大打出手？"

"现在，你不明白，"特伦特说，"你不知道作为一名前顶级冰球运动员，看着自己的亲生骨肉在冰场上当着你和一大帮孩子和父母的面搞砸比赛是什么感觉。这简直太尴尬了。我是说，他一搞砸，我就像个失败者一样！"

"对不起，特伦特，"白兰度女士打断了他的话，"你是说，当你6岁的儿子拿着一根大棍子在冰面上飞速滑行时，为了不撞到任何人而滑倒在冰面上，就是他搞砸了吗？作为一个曾经的半职业冰球运动员，你认为这是对你自己的映射，对吗？你觉得丢人，是吗？我说得对吗？"

特伦特环顾四周，点点头，希望得到同伴们的认同，然后转向白兰度女士。

"嗯，我想是的，外面的世界很残酷。"

"好吧，特伦特，"白兰度女士继续说道，"我觉得没必要指出这听起来有多愚蠢，但我确实觉得你对你儿子摔倒时的反应有一点是好的。很明显，你让他自己重新站起来了，这是我在这场惨败中看到的唯一一处还不错的父母之举。"

"白兰度女士，"特伦特开始说道，"你是想告诉我，我应该待在板凳上，让我的孩子像其他孩子一样搞砸？嗯？你是这个意思吗？"

"很好，特伦特，你在学习——以你自己的节奏，但仍然要学。至于其他人，下周同一时间继续。还有，请给你们的孩子一个喘息的机会，别惹麻烦。"

拾球游戏怎么样了

在努力争夺"年度最佳家长"的过程中，或者在努力把孩子培养成"年度最佳学生运动员"的过程中，许多家长给孩子施加了太多的压力，要求他们达到不切实际、不可持续的水平。竞技体育的好处在于可以锻炼身体和培养团队精神，但如果父母像特伦特那样逼迫孩子，可能会让孩子还没来得及充分享受体育带来的益处，就已经丧失了兴趣。

为什么会这样呢？在典型的学校生活中，成人几乎要指导孩子们生活和学习的方方面面。许多家长认为，孩子们在放学后和周末也能表现良好，特别是如果大人能再次为他们安排好生活并引导他们的话。这就好像如果没有人不断地告诉他们该做什么，孩子们就会完全迷失方向，或者成为"钥匙儿童"㊀。问题在于，如今的许多孩子从来没有被允许独自组球队，想玩就玩，想不玩就不玩。他们没有足够的自由时间或自由选择的空间！父母的内疚感和追求"完美"的压力往往会让他们把孩子的每分每秒都安排得满满当当，而且还要有人在旁边盯着，确保他们"做得正确"。父母们担心的是，如果孩子离开了他们（或其他负责任的成年人）的视线，或者有机会自己做决定——这当然包括争吵和最终和

㊀ 顾名思义，就是脖子上经常挂着钥匙的儿童，他们因父母在外工作而独自一人在家，或是被寄托给亲戚、祖辈，成为有别于农村留守儿童的一个群体。——译者注

解——他们就不会成功，也不会做任何事情来增加他们的"进步"机会。只要一有冲突的苗头，太多的父母就会立刻介入，好像一点儿小骚动就会危及孩子的健康似的。

来自弗吉尼亚州费尔法克斯市的金说："我是在 20 世纪 70 年代上的学。每年春天，男孩子们打棒球，我上音乐课，打垒球。那时没有旅行球队和教练，否则的话，我们这些孩子肯定被要求全年都要参加比赛一类的活动，即使有时我们不想参加。我们大部分时间都聚集在邻居家，年龄、体形、身材各不相同，无论什么当季的运动，我们都会组队参加，有时会争吵，有时会生气，但无论遇到什么问题，我们都会自己想办法解决。父母从不插手。'我会告诉你爸爸！'这样的威胁并不会被当真。孩子们只有在无话可说时才会这样做。他们又能告诉他什么呢？因为他很忙，很高兴我们能出门做点儿什么。我们互相之间不全是最好的朋友，但没有大人的监督，我们也完全可以相处得很好。这种事现在还会发生吗？我认为不会了。"

金说得对。在过去的几十年里，有组织的课外活动和校际竞技体育项目的兴起，激发了家长们盲目的热情，他们似乎认为自己的孩子注定要参加职业体育运动。但是，进入职业赛场的学生运动员数量很少，少得几乎看不到。然而，这并不妨碍家长和学校把越来越多的金钱投入到体育项目中，尤其是在中学。

阿曼达·里普利（Amanda Ripley）在《反对高中体育运动的案例》(The Case Against High-School Sport)[10]一文中写道："与世界上大多数国家不同，美国在每个高中运动员身上花费的税收支出通常比每个高中的数学学生要多。我们想知道为什么我们在国际教育排名中落后。"

体育运动重要吗？当然重要，但要放在合适的位置上。体育比数学重要吗？没有。比英语呢？没有。比社会研究呢？也没有。当然，除非是那种罕见的"打一场赢一场"的篮球奇才，奇迹般地从高中毕业，然后进入一流大学，并在没有人检查他的绩点的情况下进入职业运动员行列。

当然，学校层面的体育运动也能提供绝佳的机会，让学生体验勤奋苦练、增强体魄、团队合作的复杂动态，以及在谦逊、勤奋和失败中汲取塑造品格的经验。这些都是儿童发展中非常重要的方面，如果把孩子们局限在教室里，他们可能会错过这些机会。但是，这些活动是否需要严格的组织，其中许多活动是否需要达到激烈和高度竞争的水平？

竞技体育已深深融入美国的教育体系，尤其是在初中和高中。国际交换生一致认为，美国孩子对体育的关注程度与对学业的关注一样多，甚至更多。

来自日本大阪的16岁男孩五十岚（Igarashi）来到亚拉巴马州，第一天上学就大吃一惊。每个人都问他是否喜欢橄榄球，但没人问他是否喜欢数学或者科学。五十岚在大厅和教室里看到成百上千的孩子穿着橄榄球球衣和 T 恤，而他穿着爱因斯坦的 T 恤，显得格格不入，尤其是当很多学生不停地问他衣服上的那个人是谁的时候。

在大阪的时候，五十岚很喜欢踢足球，但当他在课间和学习之余有时间踢球时，通常都是在学校附近一个空旷的停车场。他的朋友们都不参加有组织的体育运动，除非他们在暑假参加了一个专门的夏令营。

到八年级时，美国孩子参加体育运动的时间是日本或韩国孩子的两倍多。据《大西洋月刊》(*The Atlantic*)的阿曼达·里普利报道，2010 年发表在《高等学术期刊》(*Journal of Advanced Academics*)上的一项研究称，像芬兰和德国这样的国家，其教育体制与某些亚洲国家相比更注重人文关怀、更宽松，许多孩子在校外参加当地的俱乐部体育活动。[11]

在欧洲和亚洲，大多数学校并不像美国那样组织配备教练、交通工具和保险的特定年龄段学生的运动队。在美国，体育运动备受推崇，学生们必须应对同龄人、老师、教练和家长们提出的不合理的期望。

1961 年，社会学家詹姆斯·科尔曼（James Coleman）观察到，一个访客进入一所美国高中时，最有可能先看到的是一个奖杯柜，而大多数奖杯都是在体育赛事中赢得的，而不是因学业领域的获胜而得到的。科尔曼的言下之意是，这位访客会认为他进入了一个体育俱乐部，而不是一所学校。

胜利之光来救场

我们是怎么走到这一步的？随着重心的改变，越来越多的学生走向训练场，而不是在教室里多花时间。例如，2012年，在新泽西州的肖尼高中（该校的学生大多是来自中高收入家庭的白人学生），"只有17%的低年级和高年级学生参加了至少一次大学先修课程考试（Advanced Placement test），但学校十一年级和十二年级学生中有50%参加了学校的体育运动"。[12]

昔日的沙地、临时组织的球赛是如何演变成今天高科技、高风险的校园体育世界的？大学体育系和电视转播的美国大学体育协会（NCAA）比赛都是助推器，合力营造了胜者为王的氛围，这在经济上能给学校带来收益，但对学生却未必有利。

这一切都始于得克萨斯州——经典电视节目《胜利之光》（*Friday Night Lights*）的故乡。1898年11月达拉斯的一个秋日，哈尼格罗夫的沃尔学校（Wall School）与圣马修文法学校（St. Matthew's Grammar School）进行了一场橄榄球比赛，最终以5∶0的比分获胜。[13]据得克萨斯州历史学家称，这一历史性事件是该州两支高中球队之间第一场有记录的橄榄球比赛。不久之后，有组织的体育运动逐渐兴起，取代了许多社区中各年龄段儿童长期以来随意参加的临时球赛。最终，学校接管了这些活动的组织和管理工作，希望防止孩子们过度作弊和互相攻击。这一趋势始于精英私立学校，并逐渐成为全国公立学校的常态。1903年，纽约市成立了自己的公立学校体育联盟，圣诞节期间在麦迪逊广场花园为一千多名男孩举办了一场田径比赛。

教育者认为，体育运动可以保持和增强男孩子的阳刚之气，使他们远离不良行为，比如与坏人为伍或做违法的事。

正如阿曼达·里普利所解释的那样，"在维多利亚时代很流行的'强身派基督教'㊀把体育运动视为一种道德疫苗，以抵御经济快速增长带来的动荡。1900年，西奥多·罗斯福（Theodore Roosevelt）在一篇关于'美国男孩'的文章中写道，'生活犹如一场足球比赛，要坚守的原则是：努力射门，不要犯规，不要逃避，要努力射门'"。[14]

詹姆斯·奈史密斯（James Naismith）于1892年创立的篮球运动迅速流行起来，主要是因为它可以在室内进行，而且不鼓励暴力打球。

随着田径场和体育馆在越来越多的社区建成，有组织的体育运动在许多城镇、乡村和城市占据了中心位置。有组织的青少年体育运动创造了一种与之相适应的振奋人心的文化，包括争强好胜的孩子、过分热心的家长和教练，其中一些教练的收入比普通的学校老师还高。

㊀ 发端于19世纪中叶的一场重要的宗教运动，鼓励基督徒追求信仰和身体上的双重强健。——译者注

对这些发展态势持批评态度的人继续大声质疑：我们缴纳的税款是否应该这样花费。事实证明，其中一些运动，尤其是美式橄榄球，对儿童的健康构成极大的风险，特别容易造成脑震荡和其他严重伤害。

近年来，在对橄榄球狂热的各个州，人们越发抵制在高中增加更多的体育项目，通常抵制也会取得成效。在这些州，人们齐心协力，优先考虑学业上的成功，而不是用更多运动上的胜利来填满学校的奖杯柜。对一些社区来说，做出这一决定是因为需要削减成本（装备一支橄榄球队是一个非常昂贵的项目），以及出于为女运动员和她们的球队提供平等资金支持的压力。

随着布什和奥巴马政府推行新的、更加严格的联邦政策方针，将学生和学校的表现与教师的薪酬以及州和联邦的资金挂钩，越来越多的学区正在全力提高学生的分数和毕业率，以保持州和联邦金库的资金流入。当然，一些学校这样做是正确的，因为这对孩子们来说是最好的。希望我们已经摆脱了20世纪80年代的局面，当时全国橄榄球联盟的全明星后卫德克斯特·曼利（Dexter Manley）曾公开表示，由于他在球场上的成功，尽管他几乎不识字，却能不断得到提拔，然后从高中和大学顺利毕业。[15]

不是每个人都能打四分卫㊀

体育运动为父母在竞争激烈的社会中所面临的困境提供了一个很好的例子。父母在其中应该扮演什么角色？我们是应该抓住有运动天赋的孩子，把他们推上赛场，充分利用所有竞争力强劲的运动团队为他们提供的机会，还是把他们锁在房间里，保护他们免受那些经历所带来的变幻莫测的影响？家长该怎么做？那些永远没有机会打四分卫或担任篮球队队长的孩子的家长又该怎么办？

体育运动可能会给孩子带来恐惧和压力，尤其是当他们感到有赢的压力时。如果孩子过于关注比赛的输赢——通常是在大人的劝诱下——他们可能会怀疑自己的自我价值，尤其是当他们感受到来自教练和父母的失望时。

重要的是要让孩子明白，他们的自我价值并不取决于比赛的输赢，也不取决于是否在比赛结果中发挥主力作用。[16]孩子参加体育运动应该是因为他们想参加，而不是因为父母强迫他们参加。孩子还应该明白，体育运动的目的是从错误中学习，充分发挥自己作为球员和队友的潜能。任何体育运动都会有起起落落，就像生活一样，但孩子在比赛中付出的努力和从中得到的收获会永远伴随着他们。[17]

㊀ 美式橄榄球中的一个战术位置，是进攻组的一员，位于进攻阵型的中央。——译者注

这不仅仅是孩子能否出类拔萃的问题。几乎每项运动中都有替补队员的角色，打替补的经历也是非常宝贵的。每个家长面临的挑战都是学会让步，让孩子自己决定想成为什么样的学生运动员，否则，这将导致孩子无心参与或者感到力不从心，这往往会导致孩子出现焦虑、破坏性行为，也会导致比赛出勤率低，并最终引发倦怠。

作为父母，我们能做的最好的事情就是引导孩子平衡他们的脑中所想和脚下所动。在帮助孩子充分把握学业和体育的优势方面，我们可以发挥重要作用，但最终的选择权还是在他们手中。随着年龄的增长，他们会逐渐明白自己的选择的后果。我们的工作只是指出这些后果，然后支持他们的激情所在。重要的是要记住，运动是游戏，本应充满乐趣。关键问题是，孩子们要有良好的自我感觉。这并不意味着他们不应该努力学习、刻苦训练、参与其中，只是当他们被要求达到自己不想达到或无法维持的水平时，有些孩子可能会产生自我形象和自尊问题。还有一些孩子最终会放弃或早早倦怠，从而使原本有趣的活动变得充满挫折感，令周围的人感到失望。这可能会给孩子们留下明显的挫败感，让他们觉得自己没有坚持做完原本喜欢的、有能力做好的事情。以上任何一种情况的影响都可能会持续到孩子成年。

The Overparenting
Epidemic

第 5 章
过度养育如何影响孩子和你自己

今天的父母感受到越来越大的压力，他们需要为孩子配备成功所需的所有工具和优势以助其在社会上立足，我们必须审视这种行为对孩子和父母产生的不利影响。尽管媒体可能会用"从中国到法国再到美国：反对过度保护的父母"[1] "过度保护的养育：一个日益严重的世界性问题"[2] 或"有控制欲的'直升机父母'的孩子更容易抑郁"[3] 等标题来炒作这个问题，但这些令人不安的警告并非凭空或毫无缘由地出现，它们应该引起我们的关注。

这是因为，过度养育的影响远不止十几岁的孩子抱怨父母唠叨，强制执行在孩子们看来不合理的宵禁或者限制他们去附近的什么地方与什么人在一起。事实上，过度养育的影响出现得比大多数人想象的要早得多。从母亲第一次在孩子没有擦伤膝盖的情况下娇惯孩子，到父亲打电话试图为孩子在华尔街公司谋得一个职位——以及其间的所有介入——出于好意的父母有可能培养出一个虚有其表、娇生惯养、依赖性强的孩子，一个懒惰和缺乏自尊的孩子，如果没有人替他解决可能面临的任何问题，他就会迷失方向。这些孩子可能缺乏创造力，难以做出自己的选择，难以面对失败，难以从挫折中恢复过来，缺乏完全独立选择或做事情的能力——无论在哪个年龄段。过度养育会强化孩子将自己的缺点归咎于他人的倾向，而他们最终归咎的对象就是父母。更糟糕的是，这些性格特点和成功处理生活问题能力的缺乏会一直伴随这些孩子进入成年。他们中的许多人将无法真正发挥自己的潜力或充分照顾自己，除非他们不断地依赖父母、生活导师或其他类型的顾问来指导或拯救他们。

密集型养育

过度养育的核心在于其发生的心理根源。为什么要如此用力？是什么让父母如此紧张？为什么这么多人觉得自己的孩子，无论年龄大小，即使不是无助，也是脆弱和无能的？是什么促使人们如此疯狂地不断监控和保护自己的孩子？虽然第3章已经探讨了其中的一些原因，但我们还是有必要重新审视一下父母会这样做的一些深层根源。

过去，家长让孩子接触外部世界的方式，要么是直接把他们扔进生活的"泳池"里，期望他们能学会游泳，要么是控制他们接收外界信息的量，一点点地让他们接触"真实世界"。但如今，许多家长似乎一心只想保护孩子免受他们眼中外部世界的种种危险，而如果你是一位过度保护的家长，这种危险可以说几乎无所不在。越来越多的研究表明，这种过度密集的养育方式对孩子有害，而且对身为家长的你来说，也并非好事。无论你是哪种类型的家长，如果你不允许孩子犯错、学习应对技巧、养成独立性，最终实现自立，那么你就没有尽到自己的职责。养育孩子并不只是通过计划和试图为他们设计一个成功的结果来完成的。作为家长，你的职责是帮助孩子过渡，甚至助力他们一飞冲天，成为一个完整、独立的年轻人，拥有自己的个性，从而融入这个世界。

当父母过于紧张时，孩子往往无法发展其一生所需的技能。这些技能包括时间管理、策略制定、优先级排序以及对谈判技巧的方方面面的掌握。从你第一次给孩子喂奶开始，到孩子在家里与兄弟姐妹、在幼儿园或操场上与其他孩子的第一次争吵。被过度养育的孩子在如何度过闲暇时间方面容易表现出不那么自发、愉快和主动。由密集型父母抚养长大的孩子也容易变得不那么关心他人的感受。这种缺乏同理心的原因可能是，他们总是小心窥探自己在他们认为重要的人——父母——的眼中表现如何。对孩子来说，这种生活方式显然是非常受局限的，他们可能永远无法成功地决定自己想要做什么，也无法学会内化和欣赏自己做得有多好。

这些孩子最终离开家时，无论在什么年纪，都始终需要不断地确认自己在父母眼中的表现，仿佛总是回头张望以求得认可或肯定。在养育孩子的过程中，父母在某种程度上削弱了孩子的独立性，他们似乎也想让这种依赖关系一直延续下去。这导致双方都持续通过电子邮件、短信和电话保持联系。在童年晚期和青春期早期养成的习惯，随着孩子年龄的增长，依然会继续阻碍他们成为独立自主的人。他们变得幼稚且缺乏安全感，始终处于不确定性和依赖的状态，仿佛总是需要寻求别人的许可或认可，因为他们害怕独自前行。与此同时，这种互动也让他们产生了一种持续的幻想：即便出现问题，也不会有太严重的后果，父母或其他人总会出手相助，替他们解决难题或帮他们摆脱困境。当许多被过度呵护的孩子做出错误的选择、陷入困境、怨天尤人，然后试图通过酗酒、滥用各种药物以及频繁更换性伴侣来应对时，这并不令人意外。然而，到那时，他们不幸地发现，父母并不总是能帮他们摆脱困境、纠正错误或保护他们免受自身行为后果的影响，而他们自己又缺乏人际交往的能力来独立应对。

过度养育等式：孩子和你的因果效应

行动会产生后果。但在当今世界，后果的风险似乎要高得多，我们的生活受到前所未有的关注，作为父母，越来越难以对自己的选择充满信心。虽然我们不能总是预测到这些选择的后果，但我们必须始终直面它们对孩子和我们的影响。

时代变了。在前几代人看来,"让孩子到处乱跑"的父母会被邻居们嗤之以鼻,但除了社区邻里摇头和不赞成的闲言碎语之外,他们不会受到更大的惩罚。如今,这种情况更有可能导致有人打电话给儿童保护服务机构(Child Protective Services),随之而来的是面临法律干预和失去孩子监护权的威胁。

来自南卡罗来纳州哥伦比亚市的杰米说:"我们在抚养三个孩子时不让他们看电视,玩电脑的时间也非常有限。孩子们经常在没有大人监督的情况下进行户外运动,直到他们上中学后开始打棒球和篮球。要是没有玩伴,那真的会感到孤单。我们住在一个低收入社区,所以我可以在家陪他们,让这一切成为可能。如果要住在更好的社区,我就必须得全职工作。邻居们都觉得我们疯了。但随着孩子们长大,要找到一个能让他们自由玩耍而不会被大人指控你忽视他们的地方几乎是不可能的。"

所以,我们不断地问自己,当事关我们的亲生骨肉、我们心爱的孩子时,我们做得太多还是太少?如果我们很穷,我们的孩子能成才吗?有钱难道不是通往完美未来的入场券吗?

亚利桑那州凤凰城的一名中学教师拉里说:"我任教的社区非常多元化,有吸毒者和前科犯的孩子,也有一些孩子,他们的父母受过良好教育、事业有成。社会经济水平的差异很大，就课堂行为而言，社会经济水平低的学生开始比社会经济水平高的学生表现得更好。我认为这是因为在校外，"经济条件较好"的学生无法从他们无休止的练习、课程和玩伴聚会中得到很好的休息，他们很少有自主玩耍的时间。而那些所谓的"家境较差"的孩子可能会在家里和邻里间遇到很多麻烦，因此他们从中能学到更多处理事情和协商解决问题的方法。"

过度养育会向孩子传递各种信息，而这些信息即使不是全部，其大多数也最好不要传递给他们。因果法则本质上是这样的：父母的每一个行为都会引起孩子的反应，更好或更坏，中间还夹杂着很多现实情况。你关心的不应该是任何单一的事件，以及如何应对它，除非发生了非常严重的创伤性事件。在这种情况下，你可能应该为家人寻求外部帮助。一般来说，你应该深切关注自己已经习以为常并不断重复的过度养育模式。虽然你的行为看似习惯成自然，会给人一种"没问题"的欺骗感，但这些有问题的模式可能会对孩子和你产生非常不利的影响。它们会让你陷入一种定势，在这种定势下，你不能客观独立地看待每一种情况，而是把孩子当成始终一成不变的存在，而忽略了你的孩子和大多数孩子一样，是在不断变化和成长的。事实上，若不能独立地看待每一种情况，父母可能会刻板地把孩子定义为"聪明的孩子"或"叛逆的孩子"。这可不是闹着玩儿的，一旦我们弄清楚孩子处于哪个阶段并知道如何应对，他们就会进入下一个阶段！这就意味着，你对他们的行为做出的任何刻板反应，比如"你很懒"，很快就会成为他们和你的败笔。在牢记这些原则的基础上，深入研究一下过度养育的等式，也就是当你做出某些选择时会发生什么，以及这些选择给你和孩子带来的后果，将是明智之举。还必须认识到，所有的孩子都是不同的，即使是那些父母相同的孩子，所以你真的需要考虑清楚每个孩子是什么样的，什么对每个孩子是有效的，你需要根据每个孩子独特的个性和情况做出哪些调整，当孩子的某些行为发生变化时，你也需要相应地改变你的看法和反应。

为了理解过度养育的风险和后果，我们最好重新审视一下第 1 章中提到的几种养育原型，这些原型展现了大量此类行为。每种性格都有特定的风险，可能会引发各种各样的结果，对父母和孩子都有影响。看看你能否在这些原型中找到自己的影子，以及是否能意识到其中的风险和后果。在每种原型的分类中，我们将讨论这些风险和后果的总体权重。虽然它们的短期影响可能并不严重，但长期后果却不容乐观，我们不能掉以轻心。值得再次指出的是，在危机时刻，我们都可能会陷入其中一种或几种角色当中去，这是完全可以理解的。但是，如果你一直停留在这种状态里，或者让孩子卷入到你适得其反的行为中来，那就会出现问题。

守护天使

保护者
风险：这些父母几乎会不惜一切代价保护自己的孩子。

对孩子的结果：孩子永远学不会去冒险或承担失败的风险。

对父母的结果：父母必须要更加努力地支持孩子适当发展独立能力。

超级保护者
风险：这些父母不让孩子参加正常的活动。

对孩子的结果：孩子感到被冷落，变得疏离。

对父母的结果：父母需要花更多时间帮助孩子融入社会。

干涉者
风险：这些父母违背孩子的意愿，插手孩子的事务。

对孩子的结果：孩子无法独立解决问题。

对父母的结果：父母必须想办法让孩子有能力自己解决问题。

> **焦虑制造者**
>
> ┃风险：这些父母毫无隐瞒地担心与孩子有关的一切。
>
> ┃对孩子的结果：孩子长大后对一切都感到焦虑。
>
> ┃对父母的结果：父母必须面对孩子不断增长的焦虑水平。

过度养育=缺乏信任

过度保护的父母会无意中向孩子发出这样的信息：他没有能力自己处理事情，他需要父母的意见来确保自己"做对"。对于孩子来说，这简明地传达了一种父母不信任自己的感觉，不管父母说什么，这都是事实。当父母插手接管孩子有能力自己处理的最基本的事务时，所传递的信息就是，他们不相信孩子能处理好生活中哪怕是很微小的起伏。这意味着，最终父母并没有让孩子的生活变得更轻松，反而抑制了孩子的成长，在插手的过程中，默许了孩子的懒惰、不思进取，认为他无须为自己的行为负责，并且会让孩子感到不足和缺乏自信。

过度养育还会导致孩子出现其他类型的信任问题。如果父母不相信世界上正在发生的事情，一味地将自己对世界的恐惧传递给孩子，这些孩子长大后也会对他们周围的一切产生怀疑。这又会让孩子觉得世界比实际情况更危险，什么都不可信，任何一个角落都可能潜伏着真正的危险。这不是大多数父母想要留给孩子的遗产，他们只是想帮助孩子摆脱困境。

过度养育=生活技能不足

当父母进行干涉，或让佣人和保姆代劳，以确保孩子不必承担生活中的任何琐事，比如学习系鞋带、擦干身体、自己梳头或收拾自己的东西时，他们肯定不是在帮助孩子成长，也没有让孩子学会承担自己的责任。事实上，他们做的恰恰相反，他们传递的信息是，这些任务并不重要，会有其他人来做，这样他们的孩子就可以只专注于"重要的事情"，比如在用积木或乐高搭房子方面表现出色。

露娜是一名小学老师，她讲过这样一个故事：有一次，她带着五、六年级的学生参加学校组织的过夜旅行，在旅行中她发现很多孩子从来没有学习过自己穿衣服、整理床铺或摆放餐具。这让露娜感到很困惑。她想，这些孩子可能还缺乏哪些基本的生活技能，这对他们将来在中学的生活又会产生什么影响呢？她想，或许她的课程中应该增加这些内容，因为家里显然没有教过孩子这些。

这些孩子是过度养育、养育不足还是养育忽视的受害者呢？

朱迪是我们的老熟人，二十世纪四五十年代在纽约长大，虽然朱迪的家境并不富裕，但她有一个保姆照顾她，把家里打理得井井有条。这种安排一直持续到朱迪上大学。刚来大学几个星期，有一天早上她去穿衣服时，发现自己没有干净的内衣可穿，这让她大吃一惊。事实上，当她开始认真寻找内衣时，才发现在过去的三个星期，她一直在把穿过的衣服随意丢在房间里，根本没有想过要把它们放进洗衣篮或者清洗干净。洗衣服？那是什么？朱迪的保姆总是把她的衣服捡起来，确保衣服都已经洗干净、熨平、叠好，为朱迪的下一次穿衣做好准备。所以，朱迪在大学里积累的第一个重要的经验应该是自己洗衣服。但在朱迪的例子中（我们猜想很多人也会遇到同样的情况），她那天只是去买了新内衣，然后雇了另一个学生给她洗衣服。显然，这种习惯仍在延续，现在许多学生上了大学都不知道如何打理自己的基本生活。有些大学已经为此做好了准备，每周提供洗衣服务。

　　据我们所知，目前还没有研究表明有多少18岁以上的孩子知道如何换灯泡，但我们可以大胆猜测，这个数字低得惊人。这些孩子在大学期间能学到类似这样的基本生活技能吗？可能不会。那么，如果父母在孩子的成长过程中免去了他们学习如何照顾自己这一"负担"，这对孩子有什么好处呢？这样长大的孩子肯定会给配偶带来负担，配偶可能会觉得自己在照顾伴侣方面扮演了佣人、保姆或父母的角色，除非他们足够富有，从一开始就雇得起保姆或佣人。

A型人格

高成就者

- 风险：这些父母会提出无法实现的期望。

- 对孩子的结果：孩子觉得自己永远无法满足任何人。

- 对父母的结果：父母可能会后悔给孩子施加了额外的压力。

控制者

- 风险：这些父母坚持替孩子做选择。

- 对孩子的结果：孩子无法独立思考。

- 对父母的结果：父母必须花费额外的时间来照顾有依赖性的孩子。

谈判者

- 风险：这些父母不允许孩子独自面对困难。

- 对孩子的结果：孩子的自理能力受到影响。

- 对父母的结果：父母不会放松，不相信孩子的应对能力。

> **微观管理者**
>
> 风险：这些父母会采取严厉的措施来掌控孩子的人生结果。
>
> 对孩子的结果：孩子害怕犯错，失去学习的时机。
>
> 对父母的结果：父母失去了看到孩子从错误中学习的机会。

过度养育=恐惧失败

对失败的恐惧往往发生在父母对孩子的生活过度卷入的情况下，父母会因为孩子的每一个小活动或小行为而奖励他们。就好像他们的每一次呼吸都是一件大事，就像对待第一个孩子一样，这反过来会让孩子产生一种虚假的成就感和独特感。

根据凯瑟琳·奥兹门特（Katherine Ozment）在《波士顿杂志》（Boston Magazine）上发表的文章，《终身成长：重新定义成功的思维模式》（Mindset: The New Psychology of Success）一书的作者卡罗尔·德韦克（Carol Dweck）认为，过多的表扬可能会适得其反。德韦克说："当我们告诉孩子们他们很有天赋，而不是很勤奋努力时，他们可能会产生一种对失败的恐惧，导致他们不愿意为真正的学习承担必要的风险。"我们在参加项目的天才儿童身上看到了这样的证据，他们为了达到老师和父母对他们的期望而感到压力重重。

"相比之下，那些被告知是勤奋努力的孩子更愿意接受挑战，也更有能力从挫败中复原。"德韦克告诉奥兹门特，"心理学界现在认为，不停地表扬实际上违背了父母的初衷。你不是先获得自尊，然后再成就大事。你努力学习，失败，振作起来，再次尝试，取得新的成就，然后才会自我感觉良好。"[4]

放大孩子的每一个行为和活动，只会让他们期望每个人都会对他们的一言一行大惊小怪。这会导致孩子们对现实世界感到失望，缺乏解决问题的能力，缺乏毅力，当遇到困难时会失败。每个人都会遇到问题，但他们在问题出现时却不知道该怎么办，于是会发脾气或者皱眉头。在孩子小的时候，父母、同伴和老师可以通过加倍努力来纠正这种情况，处理他们脆弱的情绪，增强他们的自信心，同时努力帮助他们学会自己处理问题。当他们长大后，往往已经来不及学习如何处理问题，更不用说以真正的毅力向前迈进了。

过度养育=降低自尊

正如史蒂夫·巴斯金（Steve Baskin）在《今日心理学》

（*Psychology Today*）中所论述的那样，作家纳撒尼尔·布兰登（Nathaniel Branden）在 1969 年出版的《自尊心理学》（*The Psychology of Self-Esteem*）一书中，重构了我们对精神分析的看法和我们看待自己的方式。布兰登的开创性哲学与那个时代的主流观念截然不同，他要求人们重新审视自己作为人类的本质。

巴斯金解释说，《自尊心理学》重新定义了理性与情感的关系，包括自由意志的本质，以及自尊对动机、工作、友谊、性和爱情的重大影响。[5]

布兰登博士认为，"自尊是人类的一种基本需求，对于生存和正常健康的发展至关重要。它基于一个人的信念和意识，从内心自动产生，并与一个人的思想、行为、感受和行动相结合"。[6]

布兰登的书促使父母们开始采取一切他们认为必要的措施来提高孩子的自尊。我们称其为"类固醇[⊖]育儿法"，因为它导致了大量对孩子自尊心的"人为拔高"，所有这一切都是为了提升他们的自尊和自我价值感。不然，你又如何解释那些在体育运动队中输掉比赛的孩子仅仅因为参赛就能获得奖杯，或者那些成绩平平的学生回家后却受到夸赞，被告知他们一定已经尽力了，应该为自己感到骄傲？这种认可和

[⊖] 类固醇是一种被广泛应用于医学领域的物质，类固醇药物在治疗疾病方面非常有效，但长期或大剂量使用可能会带来副作用。——译者注

空洞的表扬已被证明会让孩子表现不佳、甘于平庸，并在成长过程中形成不健康的性格特征。

例如，哥伦比亚大学 2007 年的一项具有里程碑意义的研究发现，那些不断被告知自己很聪明的孩子往往会避免参加他们不擅长的活动，这实质上就是因为害怕失败而低估自己。[7]

这种通过溺爱来提升自尊的方式，往往伴随着对平庸表现的接受，这或许可以解释当今年轻人自恋率创下新高的原因。[8]我们几乎在每一间教室里都能看到这种迹象，包括私立学校、公立学校和教区学校。

浮夸空泛的表扬和毫无意义的奖杯对于培养成功且感到满足的孩子不会有太大帮助。学会如何面对失败并勇敢地向前迈进是每个人成长的一部分。自尊是人类的基本需求，对于生存和正常健康的发展至关重要，应该尽早开始培养。

正如心理学家亚伯拉罕·马斯洛（Abraham Maslow）在其关于人类需求层次的著作中所解释的那样，自尊是人类的基本动机之一。马斯洛认为，人们需要来自他人的尊重，也需要自我尊重。这两种需求都必须得到满足，个体才能成长为一个人并获得自我实现。

问题不在于刻意地给孩子打气，让他们感觉良好，增强他们的自尊。而是要帮助他们学会驾驭各种情况，使他们能够为自己所取得的成就感到高兴并尊重自己。这样做还能防止他们去寻找其他同样在自卑中挣扎的孩子，这些孩子接受并认可彼此的糟糕表现。这一问题在青少年中尤为突出，因为他们往往会团结在一起，互相支持对方的不良行为。作为父母，我们在孩子自尊的发展中扮演着核心角色，因此我们可以在这方面切实地做些什么，以确保孩子的正常发展，这一点至关重要。

朋友

最好的朋友

风险：这些父母总是渴望得到孩子的陪伴。

对孩子的结果：孩子没有自己的生活，成为父母的木偶。

对父母的结果：父母没有自己的生活，孩子最终离开时，他们会崩溃。

助理

风险：这些父母会帮助孩子，即使孩子并不需要帮助。

对孩子的结果：孩子永远学不会自立。

对父母的结果：父母不会真正照顾到自己的需求。

> **溺爱者**
>
> ▎风险：这些父母会不惜一切代价纵容孩子。
>
> ▎对孩子的结果：孩子会认为自己想要的一切都会得到满足。
>
> ▎对父母的结果：父母会失去为达成目标而努力工作的意识。

> **窒息者**
>
> ▎风险：这些父母给予孩子过多的关注，让孩子不堪重负。
>
> ▎对孩子的结果：孩子无法发展自己的独立意识。
>
> ▎对父母的结果：父母牺牲了自己的独立性。

过度养育=特权感

许多父母对孩子过度保护，以至于孩子没有学会承担责任，接受自己行为的自然后果，并从错误中吸取教训。他们认为自己可以为所欲为，规则对他们并不适用，一旦出现问题，父母就会跳出来帮助他们，这种观念让他们觉得自己真的不需要对任何事情负责或承担责任，因此他们不会从自己的行为中吸取教训。这种出于好心但不必要的保护可能会使这些孩子产生一种特权感，最终会损害他们的发展，同时在他们与别人交往时造成问题。那些自认为有特权的家长，无论是因为自身的成功还是出身于名门望族，可能会发现自己很难以信任、合作和积极的态度与孩子的学校打交道，这只会阻碍孩子在学校的发展。结果是学校里的教职工常常心怀不满，最终会与孩子保持距离，只觉得孩子被宠坏了。

于是，这种特权感就成了一个棘手的问题。正如这个世界自有其方式来过滤不公，平衡谁应得什么。那些过于特权化的孩子长大后成为过于特权化的大人，这可能会反过来困扰他们自己以及他们的孩子。

过度养育=减少创造力

波士顿学院的进化心理学家彼得·格雷（Peter Gray）是 2011 年《美国游戏杂志》(*American Journal of Play*) 春季刊的编辑，他解释说，自由、无组织的游戏有助于儿童学习如何与他人相处、控制情绪和发挥想象力。[9] 这听起来像是你希望自己的孩子从中挑选玩伴的孩子群体吗？

孩子和玩耍不再完全是同义词了，怎么会发生这样的事呢？格雷说，自 20 世纪 50 年代以来，美国儿童独自玩耍的时间一直在稳步减少。

马里兰大学桑德拉·霍夫斯（Sandra Hofferth）的研究发现，1981 年至 1997 年间，美国 6~8 岁的儿童自由玩耍的时间减少了25%，而他们的课堂时间增加了18%。同时，他们的家庭作业时间增加了145%，与父母一起购物的时间增加了168%。当霍夫斯在2003年更新她的研究时发现，自由玩耍时间继续下降，而学习时间又增加了32%。[10]谁也不知道购物时间发生了什么变化，但如果以今天孩子们拥有的商品数量来看的话，那么购物时间根本没有减少。

家庭心理学家指出，在过去的25年里，儿童自由时间的价值在很大程度上被遗忘了。但是，所有的时间和金钱都花在磨炼艺术、体育和学术技能上，这实际上会削弱孩子的创造力，因为他们没有任何空闲时间去阅读、绘画或独自想象。[11]

家长给孩子的生活安排过多，无意中会阻碍他们发展创造性思维技能，而这一技能可以培养他们的问题解决能力、应变能力和自信心。在自由、无拘无束的时间里，孩子们可以做白日梦、幻想、审视自己的生活，并为他们眼中的生活问题找出解决方案，正是在这个过程中创造力得以发展。当人们太忙的时候，就没有时间或精力去做这件事情。

著名精神分析学家布鲁诺·贝特尔海姆（Bruno Bettelheim）解释说，如果没有足够的可供玩耍的精神空间，儿童的内心世界就会变得贫乏。"游戏是儿童的工作"，[12]他说，这是儿童熟悉周围世界并发展独立和分离意识的核心机制。而建立在紧张、亲力亲为的监管之上的密集型养育方式极大地限制了玩耍，使我们的孩子处于危险之中。

制造者

> **消费者**
>
> 风险：这些父母为孩子的一切都贴上了价格标签。
>
> 对孩子的结果：孩子会不切实际地认为自己很特别，认为上学只是为了学习成绩，而不是为了社交技能的发展。
>
> 对父母的结果：父母疏远了周围的人。

> **指责者**
>
> 风险：这些父母将责任推给他人，而不是承担后果。
>
> 对孩子的结果：孩子觉得自己有权利为所欲为，因为这不是他的错。
>
> 对父母的结果：父母疏远了周围的人。

> **委托者**
>
> 风险：这些父母把孩子当作一个项目。
>
> 对孩子的结果：孩子不确定谁爱他或对他负责。

> 对父母的结果：父母失去了真正了解孩子的机会。

> **不尊重者**
>
> 风险：这些父母会在负责养育孩子的成年人面前表现出优越感。
>
> 对孩子的结果：父母贬低孩子，实质上是不尊重孩子。
>
> 对父母的结果：父母疏远了周围的人。

过度养育=不负责任且不愿承担责任的年轻人

为什么当孩子们搞砸了或没有达到他们想要的目标时，越来越多的父母似乎都愿意责怪别人，而不是追究自己孩子的责任，有时甚至是他们自己的责任？

如果你的孩子在考试中作弊，你会因为试卷太难而责怪老师吗？你会因为眼科医生忘了告诉你孩子有"斜视"而责怪他吗？或者你会因为政府坚持进行这些考试而责怪政府吗？有些借口会奏效，不是吗？如果你一直试图为孩子开脱，不让他为自己的行为负责，那么你就是在帮助他接受"他不需要为所发生的事情负责"的观念，并教导他以和你一样的方式行事。当你试图把孩子的缺点归咎于别人时，你的孩子会变得和你一样傲慢无礼、不负责任。责怪他人意味着你不必为所发生的事情承担责任,然后你也就不必努力让事情变得更好。

幸运的是,在我们生活的这个复杂世界里,有些事情是一目了然的,对错也不难确定。不管怎么说,作弊是不对的,而且有多种形式。其中有些不那么容易判定,当涉及犯罪和惩罚时,找出与罪行相称的惩罚就更加困难了。如何确定适当的反应或后果,而不是反应过度,可能相当棘手,但忽视问题或将责任归咎于他人永远都不是解决问题的方法。判断对错和后果取决于你自己作为家长的道德准则,但你可以与其他家长或学校教职员工讨论这个问题。对有些人来说,对此做出判断是非常困难的,当你为了孩子的利益而试图抢占先机时,情况只会变得更难。

过度养育=不良的榜样示范

克里西和劳伦在明尼苏达州明尼阿波利斯市郊的一所中学参加课后活动。有一天,当她们在图书馆里嬉笑打闹,用手机拍视频时,克里西不小心撞到了劳伦的嘴,把劳伦的嘴唇撞破了。这完全是个意外。她们立刻去找了校医,校医随即联系了劳伦的母亲,她立刻赶到了学校(就好像她一直在校门口等着这样的意外发生一样),然后带着女儿去了当地的急诊室，缝了几针。劳伦一和她母亲回到家就给克里西打了电话，告诉她自己缝针的情况，还提到了急诊室里一个帅气的男护士，而劳伦的母亲则给学校发了封电子邮件，痛诉学校缺乏适当的监管。随后，她又打电话到克里西家，向克里西的父母报告此事，指责克里西故意撞她的女儿。她不停地要求对方道歉，即使劳伦坚持说这完全是个意外。

劳伦的母亲被一种非理性的需求所触发，为自己的孩子出面干涉。这是一个很好的例子，说明了什么是过度养育。当然，我们对孩子说了什么固然重要，但我们的行为在树立积极和现实的行为榜样方面起着更大的作用。这个故事的可悲之处在于，在父母介入之前，孩子们已经准备好继续她们的友谊了，但父母的介入却让情况变得更糟了。

过度养育=无能的孩子

随着孩子的成长，我们必须让他们有机会承担生活中的一些基本责任，比如自己给吐司面包抹黄油，自己收拾衣服，玩完玩具后自己收纳起来，帮忙摆放或收拾餐桌。因为他们可能做不好，或者因为有保姆会帮他们做这些事情，就不让他们做任何家务或承担任何责任，这样做对他们并没有好处。在成长的过程中，我们必须鼓励孩子在家里承担起责任，使他们在青少年时期就能在一定程度上做到独立自主，尤其是在满足生活的基本需求方面。如果他们在离开家之前没有学会这些，那么当他们离开家后，无论是上大学、离家工作还是参军入伍，他们都将永远不知道该如何独立生活。学会自己做事也是孩子学会建立自尊，对自己所做的承诺感到自豪和负责的一种方式，能使他们对自己产生良好的感觉。不让孩子学会这样做，实质上是剥夺了他们学习如何在你或其他人不在身边时自己进步的机会。

要让孩子学会做家务，即使他才6岁，做得并不完美。你和孩子都要接受他不一定做得完美这一事实。即便是父母，有时洗碗也会把碗碟摔碎。孩子能够理解，没有人是完美的，包括他们的父母在内，父母也会犯错，但至少他们在努力做事和帮忙。

当你对孩子抱有切合实际、与他们的年龄相符的期望时，这个过程也会帮助他们认识到，如果结果总是不尽如人意，那也不是什么世界末日。如果不这样做，到孩子十六七岁的时候，他们就会觉得自己什么事情都做不好，也满足不了你的任何期望。

溺爱不是成功的秘诀，溺爱孩子是有害的。它不会增强孩子做出自信决定的能力。例如，当高三学生要决定申请哪所大学时，他们至少要运用自己的一些判断力，并学会与在这方面更有经验的人打交道，比如他们的学校辅导员。如果他们最终选择了一所不适合自己的大学，这并不是世界末日。这种情况时有发生，而且可以解决。这对孩子来说是一个学习的机会，而不是让你哀叹他们的选择的机会，也不是让他们永远抱怨他们做得不好是你的错，他们不喜欢他们去的地方，或者他们因为觉得自己没有参与决策而自毁前程的机会。

附属品

啦啦队长

⏐风险：这些家长认为自己的孩子做什么都是"最棒的"。

⏐对孩子的结果：孩子会形成虚假的成就感。

⏐对父母的结果：父母会维持一种虚假的现实感。

搭车族

⏐风险：这些家长总是忍不住说孩子的老师和学校的闲话。

⏐对孩子的结果：孩子会因为父母的口无遮拦而蒙羞。

⏐对父母的结果：父母疏远了周围的人。

奖杯颁发者

⏐风险：这些家长希望自己的孩子在任何事情上都是

"赢家"。

对孩子的结果：孩子在成长过程中对世界缺乏真实客观的认识。

对父母的结果：父母减弱了自己成就的价值。

成熟杀手

风险：这些家长总是把孩子当作"小孩儿"来对待。

对孩子的结果：孩子的心理和情感发展会受到阻碍。

对父母的结果：父母会错失与孩子不断发展亲子关系的过程。

过度养育=加剧焦虑

当我们过于情绪化地卷入孩子面临的问题时，我们就会把赌注抬得过高，给孩子造成过大的压力。取悦父母是孩子的天性，但当他们为此而焦虑不安时，就没有多少自己生活的空间，也无法平衡自己想要什么，这可能会带来深远的影响。

哥伦比亚大学心理学教授苏尼娅·卢塔尔（Suniya Luthar）进行的一项研究表明，逼迫孩子和对孩子有求必应的结果一样，都会对孩子产生不利影响。卢塔尔发现，在美国东北部，受过高等教育的上层阶层家庭的子女越来越多地表现出焦虑和抑郁。有着"高度完美主义追求"的孩子，可能会将成绩的失败视为个人的失败。卢塔尔还发现，"不断穿梭于各种活动之间，尽管花那么多时间与父母待在SUV车里，最终却会让郊区的青少年感到与父母更加疏远"。[13] 我们猜想，他们的父母也会有同感，因为他们会觉得自己更像司机，而不像父母。

根据美国焦虑与抑郁协会（Anxiety and Depression Association of America）的数据，每八个孩子中就有一个患有焦虑障碍。研究表明，未经治疗的焦虑障碍儿童在学校表现不佳、错过重要社交经历以及滥用药物的风险较高。焦虑障碍还会与其他疾病共病，如抑郁、进食障碍和注意缺陷多动障碍。通过治疗和支持，孩子可以学习如何成功地控制焦虑障碍的症状，过上正常的童年生活。[14]

然而，如果有"正常"、良好的养育方式，焦虑障碍可能一开始就不会产生。事实上，当父母退后一步，放松身心，顺其自然时，孩子的焦虑通常都能保持在正常水平。我们应该注意到，如果父母过度焦虑，不断放大问题，可能会加剧孩子的焦虑水平，有时会让他对一切都感到恐惧。

过度养育=损伤心理韧性

当父母试图过度保护或溺爱孩子时,他们是在为孩子提供短期保护,却以牺牲孩子的长期生活技能为代价。父母过度保护孩子,使他们免受生活中各种不愉快事件的影响,这会让孩子无法学会如何处理这类事件,或者从本质上说,无法让他们变得有心理韧性。偶尔的、微小的、简单的溺爱也会导致孩子缺乏心理韧性。当你的儿子得了小感冒,想待在家里不去上学时,你明知道他病得并不严重,却可能因为想成为一个"完美"的家长,而任由他待在家里,并不催促他去上学。这是一个溺爱孩子的借口,他待在家里玩了一整天,享受你持续的关注。这很快就会成为一种溺爱,并不断重复。这乍听起来可能不是什么坏事,但你这样纵容他的任性,到底是在教他什么呢?你传递给孩子的信息是,每一次小小的鼻塞或疼痛都需要特别的关注和治疗,而上学以及日后的工作,都可以因为任何微小的原因而推迟。这种方法无助于培养孩子的成熟和责任感,而且你可能还忽略了他想待在家里的真实原因。他在学校会不会有什么问题?他在挣扎吗?被欺负了吗?欺负别人了?在拥抱的间隙,你不妨去看看这些问题。

和我们所有人一样,孩子们对许多生活事件并不总是做好了应对的准备,他们会以感冒或头痛为借口来逃避面对这些事情。当然,父母不想让孩子难过,认为他们不应该面对不愉快的情况——至少不应该太早面对。这种保护孩子的倾向，虽然初看起来很高尚，但没有给他们机会去学习如何应对他们需要解决的问题——不管是吵闹的老师、被人戏弄取笑、得不到想要的东西，还是希望能待在家里看电视。我们都知道，成年人也会用同样的伎俩来逃避不愉快的情境或得到他们想要的东西。让父母的决心和韧性教会孩子如何培养他们的决心和韧性。你是孩子的榜样，"照我做的做，而不是照我说的做"才是更准确的座右铭。

过度养育也会影响你吗

确实如此！从上文我们可以看出，父母和子女一样会受到自己过度养育的影响，而且在某些方面，过度养育给父母带来的长期后果可能更为严重。

作为成年人，你需要创造属于自己的生活，你的自尊和自我价值应该由你自己的成功、活动和人际关系来驱动，而不仅仅是孩子的。你当然可以为他们取得的成就而感到高兴，但如果你的生活完全被孩子的生活方式所牵绊，你将永远不会快乐。你会一直关注他们是否达到了你的期望。

无论是你的孩子还是你的配偶，没有人能够一直完全满足你的希望和期待。如果你的自尊水平和自我价值过多地取决于孩子的表现，那么你就会总是提心吊胆，担心孩子下一步表现如何。这意味着你对自己的评价将取决于你的孩子在自己的生活中表现得有多好——与你的期望相比。

如果他们的表现不如你想象的那么好呢？和其他人一样，他们也会有起起落落，但那起伏——就像你经历的一样——是关于他们自己的而不是你的生活和目标的。所以，如果你总是试图掌管孩子的生活，你就永远无法过好自己的生活。

如果你一直在不断地监督或管理孩子的生活，那么你不仅有可能成为一个空巢老人，还有可能成为一个非常抑郁、悲伤和孤独的人。你很快就会发现，虽然你可能已经和孩子朋友的父母有过交往，但这些关系会在你的孩子离开家后逐渐淡化，你必须建立新的关系。

虽然俗话说，你孩子的快乐程度决定了你的快乐程度，但不管孩子在做什么、做得怎么样，你也得在自己的生活中发展其他方面。当他们在低年级开始与朋友交往，在青少年时期与朋友外出，或者希望离开家上大学时，这一点就变得更加重要。

为什么父母们如此轻易地忘记了，作为孩子，无论是年幼还是年长，我们对世界上所发生的事情的认识，靠我们自己获取到的和从父母那里学来的，两者一样多。因此，向年幼的孩子解释世界是一个危险的地方，他们需要你的保护和投入才能正常生活或取得成功是一回事，但如果你在他们长大后继续频繁地向他们灌输这种思想的话，你可能会如愿以偿，让孩子害怕到外面的世界去，永远也不离开家。这意味着你们最终都将失去外部生活，这会造成一种十分不快乐、愤怒、共同依赖的关系，在这种关系中，孩子从未有过自己的生活，他们会为此责怪父母，而父母则继续试图帮助孩子管理生活，甚至直到成年依然如此。多年的临床经验反复证明，这些人是最不快乐、最需要帮助的失败者。

你的孩子是哪一种类型

过度养育的微妙影响可能不那么明显，但往往令人遗憾，而且是可以避免的。避免掉入这些陷阱对你自己是有益的，但最重要的是，这对你无辜的孩子更有益。这些父母原型往往会培养出特定类型的孩子，这些孩子对父母养育方式的独特反应行为甚至在学龄前就开始显现。虽然育儿专家给这些孩子起了朗朗上口的名字，但他们的行为往往并不可爱。作为父母，我们面临的最大挑战是，要在为时已晚之前客观地看待自己的孩子。当我们认识到他们的弱点、缺点和优点时，我们也能认识到自己的一些优缺点以及我们所做的选择，这些选择可能会把孩子推向一个我们并不希望他们去的方向。如果我们保持警惕，就能在他们长大之前，在他们的行为变得更难扭转之前，及早将他们的一些行为扼杀在萌芽状态。抛开可爱的昵称，看看你是否能在这些类别中认出自己的孩子。

茶杯型：

这些孩子非常脆弱，对自己的不适或问题非常敏感。[15]他们好像很容易被击垮，也很难接受批评或拒绝，往往会回避任何不容易成功的事情。随着这些孩子长大，遇到具有挑战性的高中课程、大学生活和就业市场，他们往往会跌跌撞撞，需要大量的外部支持。随着年龄的增长，这种支持往往会以父母补贴的形式出现，父母会对自己抚养长大的孩子应对能力有限而感到内疚，并且不知道如何以其他方式帮助他们继续前进。

大学的心理咨询师们发现，"那些追求完美、课业负担过重的学生群体中，消化和进食障碍、头痛、广泛性焦虑障碍、药物滥用、社交和学校恐惧症以及强迫症等病症呈上升趋势。更令人担忧的是自伤行为也在增多——这是一种绝望而痛苦的求救信号。我们的心理健康服务几乎无法满足需求"。[16]这表明，这些孩子无法摆脱自己造成的困境，于是制造危机，希望有人（通常是父母）出手相助。

烤三明治型：

这些孩子从很小的时候就被沉重的负担所累，当他们真正需要表现自己的时候，已经筋疲力尽了。[17]他们的父母把表演艺术课、空手道、网球和家庭教师在日程上排得满满的。如果身边出现了新事物的宣传册，这些孩子肯定会被拉出家门，坐上小货车，穿过城镇，参加又一个"强化"项目。从很小的时候起，这些孩子就在被精心安排的环境中忙碌着，他们从来没有足够的时间放松、玩耍、闲逛或者什么也不做。到了青少年中期，他们往往已经精疲力竭——而此时他们开始意识到，参加各种活动和为上大学积累履历的压力迫在眉睫。当他们从高中毕业时，他们对高中生活的结束感到如释重负，这种感觉可能会一直持续到大学，甚至更久之后。由于摆脱了在家里受到的持续监督和指导，到了大学或寄宿学校，他们可能会在"派对"中迷失自我。因为他们在成长的过程中一直受到监督，从来没有学会如何控制和调节自己的活动，所以一旦不再受到监督，他们就会缺乏方向感，往往会表现不佳或酗酒吸毒。这些孩子中的许多人不知道自己真正感兴趣的是什么，也不知道自己关心的是什么，因为他们从小就习惯被指导。他们可能会选择一个自己并不真正感兴趣的专业，然后选择一个对自己没有挑战性的职业。在某些情况下，他们的生活会让自己和父母都感到失望。

哈佛大学招生办公室的一份报告将一些新生描述为"从令人困惑的终身训练营中走出来的茫然幸存者"。

一位教导主任抱怨道："新生们一直被安排得满满当当，睡眠严重不足，压力巨大，以至于他们进入大学时已经过于紧张了。他们就像赛马，一旦'蹄铁脱落'，就无法恢复过来。"[18]

海龟型：

这些孩子在特权和优越感的氛围中长大，他们被保护着，免受现实生活中各种问题（包括那些影响他们父母的问题）的影响，因此他们认为生活中的一切都会很好，没有必要去奔忙或奋力争取什么。他们觉得自己可以放松下来，对任何事情都不必有压力，这往往会导致他们不去努力抓住机遇或发挥自己的潜能——无论是在课堂上、球场上还是在练功房里。他们在生活中一帆风顺，不接受任何可能弄乱头发或让他们出汗的挑战。这条道路造就了温顺、懒惰的孩子，他们缺乏同情心，容易变得冷漠和缺乏激情。[19] 这正好印证了那句老话："好事总会降临到等待的人身上，但最好的事情总会降临到行动的人身上。"

"这些来自特权环境、一生都被宠坏的孩子，在大学里会过得非常艰难，"美国东北部一所精英文理学院的一位招生顾问说道，"首先，他们几乎连自己的衣服都洗不好，到了报名课程和最终选择专业的时候更是一头雾水。"他们的父母为他们铺平道路，真的是在帮他们的忙吗？

暴君型：

在这些孩子的成长过程中，父母不断告诉他们，他们很特别，他们不会做错事，他们完美无瑕。他们觉得自己应该得到最好的一切，认为自己没有理由得不到想要的东西。虽然他们会努力争取自己想要的和他们认为自己有权得到的东西，但如果他们觉得自己在任何特定场合都不是众人瞩目的焦点，就会毫不含糊地表达不满，让所有人都知道这一点。

"我见过这些人热衷于参加联谊会，"美国中西部一所大型州立学校的一位校友说，"他们可能在高中是优秀的运动员，父亲是知名律师或银行高管，所以他们觉得世界尽在他们的掌握之中。但在一所大学校里，有很多来自小池塘的大鱼，在进入校园后，他们很快就发现自己是多么微不足道。他们中的很多人无法承受这一点，最终走向自我毁灭。"事实上，这些孩子通常有些自恋，有点儿自以为是，他们不仅觉得自己想要什么都是理所应当的，而且反感为之付出努力。他们认为，只要走捷径，或者利用父母的关系，就能得到他们认为应得的东西。

作为父母，你可能会认出其中的一些特征。许多孩子偶尔会表现出这些特征的一点儿迹象，如果仅此而已，那没有什么问题。但是，在你的孩子长大并成为上述类型中的任何一种之前，请当心！如果父母在孩子年幼时能认识到这一点并以不同的方式对待孩子，那么这种行为很容易纠正，但是一旦孩子长大，就很难矫正了。这就是为什么父母必须用清醒的眼光看待自己的孩子，如果感觉到孩子正在形成这样的倾向，就应该采取行动，以免孩子陷入这些模式中。这些模式的长期影响对你和孩子都是不利的。

The Overparenting
Epidemic

第 6 章

过度养育的"长臂"

即便父母们竭力放松心态，但各种诱人的电子追踪和通信设备的泛滥，仍大大增加了过度养育的风险，尤其是在孩子进入青春期时。实际上，新的技术不断涌现，为父母提供了更复杂的手段来加强对孩子的监控。许多儿童心理学家认为，对孩子进行电子监控很快就会适得其反，使事情变得更糟。孩子们往往会对那些不相信他们能不招惹麻烦、过度监控他们的父母感到愤怒、怨恨和产生敌意。据统计，孩子们在街上和学校里也比以往任何时候都更加安全，这意味着在现实生活中，父母应该松一口气了，而不是给子女拴上电子项圈。[1]

这说起来容易做起来难。

科技陷阱

为了监视、监管甚至管束孩子而不断触犯孩子个人空间的人并非只有美国的父母。这种过度养育行为在世界各地都有发生。《澳大利亚指导与咨询》杂志（Australian Journal of Guidance and Counseling）报道称，学校正在努力应对家长们过于热情的要求。布里斯班市昆士兰科技大学的博士研究员朱迪思·洛克（Judith Locke）表示："专家们认为，学校要为孩子过上幸福的生活负责。这对学校产生了巨大的影响。学校不仅要负责教育学生，还要管理家长不切实际的期望。"[2] 从本质上讲，家长期望学校全面监控和培养他们的孩子，如果孩子出现任何问题，他们就会追究学校的责任。

"在俄罗斯，我们也有'黄金一代'（The Golden Generation），孩子们可以得到他们想要的一切，而且远不止于此。"南犹他大学学生尼基塔·里亚申科（Nikita Ryaschenko）这样描述自己家乡那些溺爱孩子的父母。[3]

根据2010年世界经济论坛（World Economic Forum）关于性别平等的报告，在意大利，儿子仍然被称为"mammomis"，即意大利语中的"妈宝男"，因为他们即便30岁了还一直和母亲住在一起。[4]

在中国香港，私人侦探文显楠（Philic Man Hin-nam）发现，越来越多的父母雇用她去监视自己的孩子，因为他们担心孩子参与非法活动。

文显楠说："现在的孩子更加小心谨慎了。他们变得更加'隐蔽'，警察更难抓住他们。"她还表示，她的客户主要是焦虑的父母，他们与孩子沟通有困难，因此求助于她。她补充说，在大多数情况下，孩子们并不知道自己被监视了，而且很多真正参与非法活动的孩子永远不会知道他们是如何被抓住的。文显楠要求她的客户不要将她的证据透露给孩子，而是将这些孩子转介给她团队中的社会工作者或心理学家。

中国香港善导会（Society of Rehabilitation and Crime Prevention）的社会工作者林仰珠（Lam Yeung-chu）表示，她对雇佣侦探持保留态度，因为如果孩子一旦发现了这一点，他们与父母之间的关系很可能会被破坏。

"在聘请侦探之前，父母应该先反思一下自己是否有什么可以改进的地方。这是一个'双边问题'。"她说。[5] 可以尝试用一种新方法与孩子沟通，或者引入第三方，比如请心理咨询师加入会谈。

在新加坡，类似的问题也促使父母做出了相同的选择。十家私人侦探机构中有八家报告称，雇用他们监视孩子的家长人数有所增加。

私人调查公司 DP Quest 的主管戴维·吴（David Ng）表示，他的公司收到的父母要求调查孩子是否误入歧途的请求同比增长 20%，有时甚至涉及海外业务。[6]

"当父母看到孩子的行为发生变化时，他们会很担心。比如，孩子身上有文身，或者开始晚归。"他解释了客户通常给出的理由。

私人侦探通常会跟踪他们的青少年对象 3~5 天，以便从中找出规律。父母的怀疑往往被证实是正确的，他们的孩子被发现参与吸毒或赌博等非法活动。有时，他们也会在父母不知情的情况下，深夜出现在网络游戏商店里。

然后，侦探会将视频或照片证据提交给父母，由他们决定下一步该怎么做。私人侦探说，他们通常会从孩子早上去上学时就开始跟踪。

正义调查公司（Justice Investigations）的乔·科赫（Joe Koh）表示，通常父母双方都忙于工作，无暇监督子女。

对于一些家长来说，当孩子在国外留学时，更加有理由跟踪他们。

私人侦探 S.M. 杰根（S.M. Jegan）说："家长派我们去海外，是想看看他们的孩子把钱花在了哪儿，以及他们是否在谈恋爱。"

新加坡儿童协会青少年服务中心（Singapore Children's Society Youth Service Centre）主任卡罗尔·巴尔赫切特（Carol Balhetchet）博士说："这是父母最大的恐惧。'我的孩子在搞什么名堂？'但这对已经受到不信任影响的关系非常不利。"[7]

英国的私人侦探也不甘落后，他们也忙于跟踪青少年。R&L 调查服务公司（R and L Investigations Services）的贝琳达·罗尔森（Belinda Rowlson）说："想要跟踪自己孩子的家长数量明显激增。"她说，家长们迫切想知道在没有成人监管的情况下，他们的孩子都在做些什么。通常情况下，家长们最关心的是确保他们的孩子避免在夜总会发生暴力事件。

"随着人们对青少年酗酒问题的关注，"她说，"我们接到了一些家长的电话，说他们不希望自己的孩子卷入其中。他们想确保自己的孩子是安全的，一旦家长给我们打电话，消息就会传开，我们就会接到更多的'案例'。"[8]

2010年左右，在俄罗斯，父母经常形容自己对孩子"过度保护"，并给出了许多理由来解释原因。首先是国家生活的总体失稳，因为那时大多数的父母成长于苏联时期，而这个强大的国家在20世纪90年代初的社会混乱和政治纷争中解体了。

"电视上都在报道儿童失踪和恋童癖的案件，家长们的警惕性急剧上升，"莫斯科官方社会学研究所家庭社会学部门负责人塔季扬娜·古尔科（Tatiana Gurko）说，"过度保护孩子的父母随处可见。在21世纪第一个十年，社会上正在进行一场大讨论，讨论是否应该通过一项法律，要求青少年在某一特定时间必须待在室内。"[9]

俄罗斯儿童没有太多自由。一般来说，在孩子年满12岁之前，父母会陪着他们上学，不让他们到街上玩耍或乘坐公共交通工具，并对他们的社交生活进行严密监控。

住在莫斯科市中心的单亲妈妈纳塔利娅告诉《基督教科学箴言报》(The Christian Science Monitor)："我的女儿克谢尼娅12岁时宣布她想自己去上学，变得更加独立。她的学校就在附近，但她必须穿过一条繁忙的街道才能到达。一开始我非常担心，但后面还是解决了。后来，我允许她晚上和朋友出去玩，当然前提是我必须随时知道她在哪里。"

那个时期，在俄罗斯，许多家庭还和祖父母住在一起，这一方面加强了对孩子的保护，但另一方面孩子又多了一层监管。

"自认为是好家长的俄罗斯父母通常都非常注重保护子女。"莫斯科独立心理中心Tochka Psi负责人玛丽娜·比蒂扬诺娃（Marina Bityanova）说。"他们有着根深蒂固的恐惧，并且认为这种恐惧是有根据的，"她补充说，"也许他们的监控有些过度，但这是俄罗斯人的典型反应。父母担心孩子无法应对外界的不确定性和危险。"[10]

无论是在澳大利亚、莫斯科、英国、新加坡还是中国香港，当父母对控制孩子过于执着时，结果往往不会太好。最大的风险是破坏信任。当然，如果你的孩子正面临严重的问题，比如吸毒、性成瘾或者只是结交了不良的朋友，那么采取某种干预措施可能是必要的。但对于普通青少年来说，你必须深吸一口气，和孩子谈谈，并努力建立一种基于信任的关系，这比什么都重要。这种信任必须是双向的，这样你才能让孩子独立自主，做出正确的选择，而孩子在承担起责任后，也能让你放心地把监视设备放回柜子里。

东方与西方

2011年，耶鲁大学法学院教授蔡美儿（Amy Chua）在《华尔街日报》（*Wall Street Journal*）上发表了一篇题为《中国妈妈为什么更胜一筹》（Why Chinese Mothers Are Superior）的文章，引发了相当大的争议。她在文章中列举了与更宽松的西方育儿方式相比，自己严格的养育方法的好处。蔡美儿称，西方的养育方式过于宽松，容易导致失败。虽然一些专家称赞蔡美儿，但许多批评者认为她的养育理念会对她的女儿们造成伤害。

然而随后的一项研究表明，这不仅仅是东西方文化之间差异的问题，研究指出家庭文化是孩子如何看待父母激励方式的关键。

蔡美儿将她严格的养育方法称为"虎妈式育儿"（tiger parenting），这种教养方式强调掌握而非努力，而西方教养方式则更注重培养孩子的自尊心和独立性。虽然这些方法反映了文化差异，但可能会产生相似的结果。[11]

斯坦福大学心理学博士生阿莉莎·福（Alyssa Fu）在

2013年人格与社会心理学学会（Society for Personality and Social Psychology）会议上说："两种文化中的父母都希望自己的孩子取得成功。"

福的研究发现，亚裔美国高中生比欧裔美国高中生更愿意谈论母亲与自己的关系。比如，亚裔美国人倾向于提及母亲如何帮助他们完成家庭作业或推动他们取得成功之类的事情。欧裔美国人则更倾向于谈论母亲个人，比如描述母亲的长相或爱好。

福说："亚裔美国人认为自己在某种程度上与母亲联系在一起。不仅仅是联系，母亲是他们的一部分。"

当谈到孩子从母亲那里感受到多少压力和支持时，欧裔美国人认为压力是负面的。但亚裔美国人则表示，压力和支持之间没有关联。

"亚裔美国人和欧裔美国人一样能感受到母亲的支持，尽管他们从母亲那里承受着更大的压力，"福说，"欧裔美国人的父母为孩子插上翅膀，让孩子自己飞向远方，自由地生活。亚裔美国人的父母更像是孩子翅膀下的风，他们一直在孩子身边，支持着孩子，助力孩子飞翔并走向成功。"[12]

对于家长来说，最主要的问题是：在推动孩子取得学业成功的同时，与他们保持密切的联系，孩子还能适当独立并最终自力更生吗？或者，我们是否应该对孩子的学业表现采取更加自由放任的态度，鼓励他们更加独立，希望他们能够在成长的过程中认识到自己必须在学业和职业上取得成功？这个问题需要每个家长和家庭根据自己的文化、周围环境和孩子的个性来自行决定。

考虑聘请独立的大学升学顾问

送孩子上大学似乎是许多家长的目标，而为孩子挑选一所"合适"的大学则是许多家长的主要目标。为了实现这一目标，一些家庭觉得应该聘请独立的升学顾问，以增加孩子被父母所选的大学录取的可能性，即便这并非孩子自己的选择。由于多次经历过大学申请过程中的压力，我们理解并同情那些在整个过程中感到压力重重的父母。但我们也发现有很大一部分家长认为自己的情况需要特殊处理。从我们咨询过的所有的学校升学顾问那里可知，公平地说，大多数学生并不需要那些我们只能称之为"蓬勃发展的新兴行业"的服务，也就是所谓的家教行业。大多数学校（尤其是私立学校和特许学校）的大学升学指导团队都具有丰富的专业经验并接受过专业培训，再加上学校管理层和教师的大力支持，确保了学生在整个大学申请过程中能够获得精准且个性化的指导。

大学升学顾问会撰写招生官阅读的推荐信，而不是由你聘请的独立顾问来做这件事。美国大多数大学都不接受独立升学顾问的推荐信，也不会回复独立升学顾问关于考生的电话或电子邮件，在我们与大学招生官的谈话中，他们也强调了这一点。

"但是，万一我的女儿得到了独立升学顾问的额外帮助，最终使她被自己心仪的大学录取了呢？"

这确实是个合理的问题，但大学招生办公室立刻就能察觉出那种经过过度指导、精心雕琢的申请材料，一旦发现，任何期望中的"优势"都会化为乌有。原本可能由学生自己写出的有说服力的申请很快就会被归入"候补名单"甚至"拒绝"堆里。大学招生办公室认为学生与独立升学顾问合作并没有什么好处。事实上，他们认为这种做法弊大于利。

大学正在寻找的是学生真实的声音。他们希望通过学生自己的语言，了解他们关心什么，他们的动力是什么，他们的想法和信念是什么，他们将如何参与校园生活，等等。过度指导和家长编辑的申请材料会抹杀学生的声音，让阅读申请材料的人想要弄清楚到底是谁写的文章，谁填的申请表，以及为什么该学生对这所大学特别感兴趣，如果被录取就会入学。

学生永远不会从一个成人升学顾问的强力推荐中获益，就像他们不会从一个几乎不了解他们的校友的一般性引荐中获益一样。你的孩子被录取的原因应该是他付出的努力和取得的成就。如果把这个过程交给几乎不了解孩子的人，就有可能剥夺孩子的发言权，从而削弱孩子通过自己的努力所取得的成功。

也许了解一下历史会有所帮助。由于美国公立高中的辅导资源不足，独立升学顾问这一职业应运而生。学生和他们的家庭显然有在校外寻找有关大学申请过程的信息这一需求。但一些独立升学顾问很快就发现，为富裕家庭提供咨询是可以赚钱的，因为这些家庭有能力支付大笔的私人咨询费用。如果这些独立升学顾问能够触动家长的内疚感和社会压力的神经，那么这些家庭就会愿意聘请他们，从而进一步推动了这一行业的发展。

"如果请一个大学升学顾问很好，那么请两个一定更好！"

"如果我不花钱聘请独立升学顾问，我就没有支持到我的孩子。"

"我们的邻居都请了私人升学顾问，所以我们最好也这么做。"

"我从新闻中听到的一切都表明，如果没有大学升学顾问的帮助，我们的孩子就无法进入大学。"

"我对大学申请过程一无所知，所以我们需要帮助！"

对于子女在私立学校就读的家长来说，孩子获得额外的关注和个性化的方案，包括孩子与经验丰富的招生专家建立的关系，已经在你支付的学费里了。对于子女在公立学校

（尤其是大学校）就读的家长来说，可能很难找到同样的个性化关注，但无论如何，你的孩子就读的学校拥有专门的学术和支持人员，他们将在高三的整个冬春季与你的孩子一起工作，直到孩子一年后毕业。

学校顾问可以发挥独立顾问无法发挥的作用。他们可以全面接触学校记录、教师和教练。当大学对申请者有疑问时，可以联系他们。他们撰写大多数大学要求的推荐信。最重要的是，他们了解学生！

不过，一些家庭考虑聘请独立顾问也是有原因的。这些原因包括：学生与学校顾问的比例失衡，学校没有大学顾问或大学申请资源和计划，学习差异（不同学校、不同孩子的差异可能非常大），一级和二级运动队招生或学生及家庭存在严重的规划问题。

根据你的孩子、孩子的目标、学校的顾问声誉以及你的财力，无论最终选择哪个方向，你都必须尽力确保你的孩子不会被夹在独立顾问和学校的大学顾问的意见中间陷入两难。你还必须避免让独立顾问把论文和答复一手包办，因为这样会让孩子在最终提交的材料中失去自己的声音。更糟糕的是，因为孩子正在与独立顾问合作而让他承担保密的负担，不要这样做。如果你确实聘请了校外顾问，请保持该顾问与学校顾问之间的沟通渠道畅通，让他们相互合作才符合孩子的最佳利益。

大学录取过程不是一场可以赢得的竞赛，也不是一件可以购买的消费品。与所有事情一样，大学入学过程对你的孩子来说也是一次教育的旅程，在与你合作的大学顾问的帮助下，孩子将学会如何研究探索，如何做出选择，如何认识自己，如何培养终身受益的技能，在被心仪的大学录取时获得受之无愧的自豪感和成就感。

不过，有一点需要提醒的是，你应当协助孩子并指导顾问努力找到一个能让孩子在申请的每个班级名额中脱颖而出的"亮点"。这个"亮点"可以是体育、音乐、戏剧，也可以是校外活动，比如打工以补贴家用。具体是什么并不重要，但能让大学因为孩子的独特"亮点"而将其与其他申请者区分开来，这确实很有帮助。指导顾问或撰写推荐信的人也应当了解这一点。

当父母无法放手时

迈克尔·汤普森（Michael Thompson）是《培养高情商男孩》（*Raising Cain: Protecting the Emotional Life of Boys*）一书的合著者和《思乡与快乐：离开父母的时日如何帮助儿童成长》（*Homesick and Happy: How Time Away From Parents Can Help a Child Grow*）的作者，他在研究中发现，在过去的一代人中，参加夏令营的人数大幅下降，越来越多的家长转而选择为期一周、以技能训练为基础的夏令营。他还发现，那些选择长时间且需要过夜的夏令营的家长在与孩子道别时非常纠结。在上一代，夏令营每周会给孩子们一张明信片让他们寄回家，但在这个时代，一些夏令营会为这些"思念孩子"的家长提供不断更新的在线照片。

如果父母不忍心送孩子去夏令营，送孩子去了夏令营又需要时刻盯着他们，那么当孩子长大，去上大学时，父母又该如何应对呢？那些把哭得一塌糊涂的父母扔在家里的孩子们，是不是都因为把父母独自留在家里而感到内疚，才去当地的社区大学上学？那些去了父母为其选择的大学上学的孩子，是否会让父母在校园附近租房子住，这样他们就更便于和父母保持联系，让父母帮他们做作业、洗衣服和做饭？希望不会这样。如果这些孩子聪明的话，他们会温和地提醒父母过好自己的生活，让他们过他们的生活。一个折中的办法是把孩子的毕业照贴在冰箱门上，或者把它作为电脑的屏保。

很多孩子没那么幸运，在整个童年都处于被压制、被管理、被监督、被操纵的境遇中，他们一踏进大学校园就容易失去控制。他们第一次独自生活，不知道该做什么，也不知道如何监督或控制自己的行为。这就好比一个没有大人看管的孩子独自一人留在糖果店里，或者首次休假的年轻人刚走出新兵训练营。他们会肆意妄为。

弗吉尼亚大学的一位教授报告说："每年秋天，家长们都会把打扮得漂漂亮亮的新生送到学校,不出两三天,许多人就喝了大量的酒,把自己置于危险的境地。这些孩子被控制得太久了,他们会发疯的。"

有些家长在孩子上大学后仍过度操心,花钱请家教帮助孩子学习,更有甚者,家长甚至花钱请人代写孩子的论文。在某些情况下,大学生会在未经父母同意的情况下私自花钱请人代写。一张没有消费上限且消费记录无须审核的信用卡就能促成这一切。这两种情况的错误显而易见,但那些靠他人代劳拿到大学文凭的孩子,毕业之后会受到怎样的间接伤害呢?他们今后的人生又将秉持怎样的道德准则呢?如果觉得这听起来有可疑之处,只需随便挑一天去查看克雷格列表(Craigslist)网站㊀"教育"分类下的内容,你就会看到这种非法行业存在的证据。这些广告招募教师、作家和其他类型的"教育工作者",他们希望受雇为本科生、研究生和高级学位学生撰写论文。难怪这些年轻人在真正的工作中无法胜任,因为在工作中他们要满足的不再是父母的期望,而是他人的期望。

我们目前在金融业看到的一些道德问题是否就是这种行为造成的结果呢?一名因伪造学业成绩而被哈佛大学法学院开除的学生改名换姓,进入商学院学习,在金融领域工作时,被发现利用非法内幕信息钻空子。这个年轻人是不是过度养育的受害者呢?

㊀ 美国的一个大型免费分类广告网站。——译者注

过度养育对大学毕业生的影响

2008 年的经济衰退对许多应届大学毕业生及其家庭产生了持续的影响。越来越多的美国大学毕业生打算回到家乡，搬回去与父母同住。考虑到美国人把孩子离家作为成人仪式的传统，这种情况令人感到惊讶。不过，许多父母似乎并不介意孩子回归居巢。尽管这一现象在很大程度上是经济环境造成的，但当父母轻易地把孩子接回自己身边时，就等于推迟了他们最终离开家的时间，并冒着一定程度上的发展停滞的风险。

对于美国 300 多万所谓的"啃老族"来说，搬回家可以被视为一个经济安全网。但是，当这种短期暂住变为长期逗留时，是一件好事吗？应该归咎于过度养育吗？专家们对回巢现象是不是件好事持不同意见，但统计数据表明，从长远来看，对父母的依赖程度在这一代人中呈上升趋势。2011 年，一项民意调查发现，在 46 岁至 56 岁的母亲中，有 50% 的人在经济上帮助她们的成年子女，而这些母亲中有 85% 的人在 25 岁之前就已经实现了经济独立。[13]

"只要有可能，最好让孩子在家里多住一段时间，适度娇惯一下他们，"一位在欧洲长大、现居俄亥俄州谢克海茨的母亲说，"和父母住在一起更容易供自己完成学业，而且我喜欢再次为儿子整理床铺。"这是你想要为你 25 岁的孩子做的事情吗？

对于二十几岁和三十几岁的年轻人来说，这一切又会如何发展呢？那些在养育过程中对孩子过度操心的父母，谁又能保证他们不会在孩子长大成人后继续这种行为呢？对于二三十岁的孩子，父母仍然会做得太过火。他们甚至会陪孩子去参加工作面试，还会在面试后积极地跟进。一家律师事务所中负责招聘新毕业法学生的律师说："我们喜欢招聘那些能够应对我们办公室日常需求的人。我们当然更喜欢成绩好的人，但相对于其所在学校而言，我们一直在寻找一个复合型人才，这个人要能与他人相处融洽、思维敏捷，能迅速从任何逆境中恢复过来。"显然，这家律所是不会对有母亲陪同参加面试的应聘者感兴趣的，尽管这种情况确实发生过。

那个成绩好的孩子听起来是不是像是被父母过度呵护长大的？这里提到的很多孩子恐怕很难在要求苛刻的工作或人际关系中获得长久的成功。至少，他们需要更多的时间来找到自己的方向，因为过度养育在很多关键领域都损害了他们的成长。这不仅限于他们的职业道路，而且，在人际关系中也会有所体现，比如对承诺的恐惧普遍存在，缺乏坦诚的交流，以及自尊心也很脆弱。所有这些情况——或许是由童年时期持续存在的对失败的恐惧引发的——都不利于培养尊重承诺和责任的健康关系。

过度养育对父母的影响

孩子、老师和教练并非过度养育的唯一受害者，父母可能才是损失最大的一方。一位母亲或父亲如果花费过多的时间在孩子身上，最终可能会没有自己的生活。更糟糕的是，这些父母可能会因为觉得孩子离开自己就无法生存而长期感到焦虑和内疚。或者，他们可能会自欺欺人地认为自己掌控着孩子的生活（这不过是一种虚假的安全感），从而也掌控着自己的生活。随着子女长大成人、离开家门，父母可能会陷入内疚、怀疑和不安的漩涡，那么当他们步入老年时，又会处于怎样的境地呢？过度养育在孩子年幼时或许还能被容忍，但当它损害了父母与成年子女的关系时，其危害才真正显现出来。这种情况往往是由父母造成的，他们给孩子买昂贵的汽车甚至房子，这些都是孩子自己买不起的，然后父母又因孩子（成年后）似乎不领情或对他们生气而感到愤恨。这就好像他们正竭力试图掌控一切、管理一切，却错失了为人父母的一些最美好的方面，以下的故事就说明了这一点。

俄克拉何马州俄克拉何马市的保罗说："这也许是人生的一大讽刺，但我想确实如此，那就是当你终于得到自己想要的东西时，也许你根本就不再想要了。我儿子杰克在青春期时简直是个疯小子，我盼着他能快点儿读完初中和高中，然后去上大学，那感觉就像监狱里的犯人在墙上画圈数日子。就在他要离开家去上大学的前一周，我们共度了一个长周末，相处得非常愉快，他走后我非常想念他。这么多年来我一直陪在他身边，尽管他从未表达过，但现在我知道这对他来说意义重大，而这对我来说意味着一切。有时候，我们不知道自己仅仅陪在孩子身边就能对他们产生多么积极的影响。就好像大多数时候我们都太刻意了，因为孩子基本上不需要我们也能过得很好，只要我们在他们身边就行。"

选择不同的道路

越来越多的父母开始克制自己过度管教孩子的冲动，从孩子很小的时候就开始走上确保孩子自主性的道路。这些家长不会因为孩子从树上摔下来甚至摔断骨头而惊慌失措，因为他们相信，孩子需要自由探索，需要从自己的尝试中学习，哪怕需要冒点儿风险。

正如我们一再强调的那样，伴随着这些风险而来的是之后的回报，包括新发现的创造力、体能上的锻炼，以及孩子可以从学习新事物中获得的力量感，这些都是在没有成人帮助的情况下，完全靠自己获得的。让孩子有机会在没有监管的情况下去户外玩耍，或者步行、骑自行车去学校或朋友家，能培养他们的责任感、自尊心和自立能力。为孩子提供这种机会的父母并非疏忽大意、不计后果或冷漠无情。大多数情况下，他们是在选择营造一种他们认为理想的养育氛围。当这些父母克服了最初的焦虑，允许孩子向独立迈出一小步时，他们也会产生一种良好的感觉，觉得自己做了正确的事情，因为他们看到自己的孩子在茁壮成长。这与操控孩子继续依赖你的做法截然不同，那种做法可能会让你觉得自己非常重要，是孩子生活的中心，但同时这也会削弱孩子的能力。

"放养孩子"运动是作家兼专栏作者莉诺·斯肯纳兹（Lenore Skenazy）创造的一个术语，她在这个问题上的宣言引起了广泛关注。斯肯纳兹在 2008 年撰写了一篇关于允许当时 9 岁的儿子独自乘坐纽约地铁的专栏文章，从而进入公众视野。

"我之所以让他这么做，是因为他想独自旅行，他知道如何看地图，我完全相信他能找到回家的路，"她当时写道，"仅仅是我让儿子离开我的视线这件事，就让很多人觉得我是个疯子，他们想知道我为什么不跟着他，或者一直用手机联系他，或者等到他 34 岁秃顶时再让他独自出门。"

反对之声仍不绝于耳，这只能证明钟摆已经朝着过度养育的方向摆了有多远。美国全国广播公司（NBC）网站上进行了一项民意调查，询问是否有其他观众会让自己的孩子做斯肯纳兹对她孩子所做的事情。51% 的人表示不会，20%的人不置可否，不到三分之一的人站在斯肯纳兹一边表示支持。

几十年前，让孩子独自乘坐地铁并不会被认为是危险的。而如今，根据《国会季刊》（Congressional Quarterly）2011 年的报告，在美国人口超过 50 万的城市中，纽约市的犯罪率是第三低的——在这样的背景下，我们是否还该将孩子独自乘坐地铁看作一种威胁呢？2008 年，也就是斯肯纳兹的儿子独自乘坐地铁的那一年，纽约市的犯罪率在全美排名第 136 位。[14]

"我儿子所做的事情，是其他许多城市的孩子每天都在做的事情，"她补充说，"只是他们的母亲很聪明，没有把它写出来。我甚至还可以补充一句，不管你信不信，说到头盔和安全带，我可是个安全狂热分子。"

孩子们不可能走到哪里都戴头盔或系安全带。无论你是否同意莉诺·斯肯纳兹的观点，毫无疑问，我们必须重新考虑我们对孩子所施加的限制，并要认识到，在某些时候，他们必须靠自己的力量前行，就像我们从前做过的那样。

The Overparenting
Epidemic

第 7 章
向前看并学会放手

如果按照计划，父母引导孩子，那么谁来引导父母呢？在我们生活和养育孩子的美国社会中，自助（self-help）的理念受到广泛的接受和支持。在育儿界，任何拥有电脑的人都可以在博客上发表自己的最佳建议，脱口秀主持人可以兜售自己的观点，来自各个教派的宗教人士可以凭借其道德权威进行恐吓，而持证专业人士则可以提供基于科学研究的可靠解决方案，但这些解决方案很可能与你或你的孩子毫无关系。这样一来，我们中的大多数人就只能依靠自己，在各自的育儿探索之旅中摸索前行，努力为孩子和我们自己做正确的事——即使无法达到完美。但实际上，尽管我们总想表现得自信满满，但在育儿过程中，我们还是得靠很多猜测，向其他迷茫的父母请教以及凭直觉做决定。因此，为了缓解父母那种总是不知道该如何对待孩子的焦虑，我们阅读书籍、访问育儿网站、与同龄人交流、聘请顾问，甚至去看心理医生。一旦我们从面前所有相互矛盾的观点和建议中做出选择，挑出一条我们认为适合自身情况的道路，我们就会立刻自封为专家，满怀信心和权威感地走下去。我们向别人讲述自己的成功，却很少提及自己的错误。具有讽刺意味的是，这本书本身或许就是这种虚假安全感的解药。

说笑归说笑，我们大多数时候都不知道自己作为父母在做什么。来吧，想想看。我们以为自己知道，其实不然。我们把孩子想象成快乐、成功的小化身，但这真的是我们想要的吗？我们了解他们吗？我们是否在任他们成长为真正的自己，而不是我们试图塑造他们成为的样子？我们是否给了他们真正的自由，让他们在摸索和跌倒中发现自己是谁，同时在这个过程中也教会我们一些事情？

在我们生活的这个充满压力的世界里，广告图像无时无刻不在围绕着我们，告诉我们想要什么、应该是什么样子、应该做什么以及应该成为什么样的人。我们真的会偶尔停下来思考一下什么才是最重要的吗？如果会的话——除了在危机时刻——我们真的会真诚地把这些都告诉孩子吗？我们真的知道什么对孩子最好吗？不管我们是否愿意承认，在养育孩子这件事上，我们都是边走边摸索。所以，给自己一个喘息的机会，也给孩子们一个喘息的机会吧。

你到底在寻求谁的成功

许多父母可以为自己和孩子做一件大好事，那就是退后一步，诚实地评估一下自己为什么要这么逼迫孩子。父母们真正追求的是谁的成功，代价又是什么？

布里斯班市昆士兰科技大学的一项研究表明，澳大利亚的学校心理学家担心，过度养育的父母会使孩子无法应对失败和家庭以外的生活。[1]一项针对澳大利亚全国近130名育儿专业人士的调查发现，27%的人表示看到过"很多"过度养育的例子，近65%的人报告说目睹过"一些"过度养育的情况。在接受调查的心理学家和咨询师中，只有8%的人表示没有发现过度养育的情况。

由于过度养育是一种连续性谱系现象，即使是那些通情达理、适应能力相对较强，在抚养孩子方面一直做得很好的父母，也可能在危机时刻滑入黄色或红色区域，至少在问题解决之前的短时间内是这样，这本身并不是一件坏事。

昆士兰科技大学的临床心理学家、博士研究员朱迪思·洛克说："父母通常会尽其所能，这种养育方式是出于好意和爱。然而，更多的努力并不一定能培养出更好的孩子。也许在某一点上，努力会变得有害。育儿专家担心，过度养育会削弱孩子的心理韧性和生活技能，因为他们从未遇到过任何困难。这还会让孩子产生一种权利感。如果有人不断地让他们的生活变得完美，他们就会期望每个人都能为他们创造完美的生活。"[2]

虽然过度养育在很多方面都是一个问题，但它也有好的一面：这些爸爸妈妈的孩子很幸运，他们有勤奋、细心、体贴的父母，即使他们可能做得有些过火。在过多和过少之间找到一个中间地带并不像听起来那么容易，但客观一点儿会大有帮助。

许多父母一开始都有过度焦虑的倾向，但随着经验的积累和信心的增强，他们往往会放松下来，慢慢适应养育子女的美好工作。在有了第一个或第二个孩子之后，这种情况尤为明显。

一个好的开始就是接受并爱你的孩子，爱他们的本来面目，而不是你希望他们成为的样子。无论你是对孩子在课堂上、舞台上还是在满是球迷的运动场上表现出色抱有宏大的理想，你可能都需要重新考虑一下为什么这些事情对你来说如此重要。降低对孩子的期望，欣赏孩子的为人和喜好，会让你和孩子免去许多不必要的焦虑。这将使你走上一条通往良好养育的坚实道路。允许你的孩子经历挫折、困惑，普普通通的失败根本不是坏事。无论你的孩子经历了什么不足，都不会对你构成负面影响。事实上，如果你能置身事外，让孩子在学校、在邻里、在日常生活中摸索自己的路，你就是在帮孩子的忙。就把这当作你与孩子共同的一次学习经历吧。

下次你儿子考试成绩不理想时，你能忍住不给老师发邮件吗？如果你的女儿在学校足球队失去了首发位置，你能对其他家长和教练保持沉默吗？正如《无畏怀孕：来自医生、助产士和妈妈的智慧与宽慰》(*Fearless Pregnancy: Wisdom and Reassurance from a Doctor, a Midwife and a Mom*)[3]一书的合著者维多利亚·克莱顿（Victoria Clayton）在美国全国广播公司全球新闻网上所说："请记住，即便你的孩子法语考试不及格，世界也会继续存在。"[4] 没错，一次考试并不能定义一个人的履历、一个人的品格，也不能决定你孩子的潜力。给自己放个假，别让一时的起落左右你的一天。

镜中世界：乔治·克拉斯医学博士的个人笔记

五十多年前我有了第一个孩子，几年后又多了两个继子，再过二十五年又添了两个孩子，一路走来，我亲身体验了为人父母的坎坷与奇妙。再加上我在精神科治疗过成千上万的来访者，他们都在为各种各样的养育问题而苦恼，可以说我学到了不少东西，很多时候（甚至更多时候）是从自己的错误中（正如我的孩子们喜欢指出的那样）而不是从别人那里学到的。

归根结底，我们都希望自己的孩子在各个方面都能成功。无论是你5岁的孩子在学校戏剧中扮演一棵树，7岁的孩子参加拼写比赛，还是10岁的孩子在棒球比赛中投球，我们都希望看到自己的孩子表现出色。事实上，有时父母可能会过分逼迫孩子在本应轻松愉快的活动中出类拔萃。

这听起来熟悉吗？你是否曾一遍又一遍地陪孩子排练，只为确保他把那棵树表演得恰到好处？你是否认识请家教辅导二年级的孩子参加学校的拼写比赛的家长？

不幸的是，许多家长需要退后一步，诚实地评估一下自己为何如此拼命地逼迫孩子。他们到底是在追求谁的成功？又付出了怎样的代价，无论是实际的还是隐性的？说真的，你是希望孩子成功，还是你自己成功？如果你的儿子忘记了台词，拼错了单词，或者投出一个坏球，你会做何感想？到底谁的自尊心受到了威胁？其他家长会出于这些原因而认为你是"糟糕的家长"吗？以我的专业经验来看，孩子如果能拥有一项自己喜欢并且能够逐渐擅长的课外活动，他们会对自己感觉更好，这反过来也有助于增强他们的自尊心。他们会因为自己的努力而感到自己与众不同，而不仅仅是因为觉得自己理应成功，或者因为你请了教练或家教才达到那个水平。如果他们喜欢并且坚持下去，他们会感觉更好，这会增强他们的自我价值感。这不仅有助于他们在学校表现得更好，也能在生活的其他方面有所提升，而且他们也不太可能沾染毒品。他们不必成为明星，但他们需要知道你支持并鼓励他们选择做的事情。如果你总是缺席，又没有一个明确的理由来解释，那么你传递给孩子的信息就是，你并不真正关心他们或者他们做的事，你正在做的事比他们更重要。

作为父母，你的职责就是在孩子想倾诉、想被倾听时，随时准备、愿意并能够陪伴在孩子身边，既不对孩子进行评判，也不强迫孩子做出改变。最好是在孩子乐于接受的时候才提出建议。如果你急于求成，想把事情解决，结果必然适得其反。你想要整顿具有挑战性的局面，这一愿望十分可佩，但你的孩子需要学会如何按照自己的方式应对生活。倾听本身就很重要。你不必总试图在与孩子的每次讨论中都给他上一课。虽然你可能认为孩子应该知道这个或那个，但他可能还没有准备好学习，至少还没有准备好从你那里学习。对父母来说，认识到这一点可能会引发强烈的感受，也一时很难接受，但请相信你的孩子通常会自己想出办法。要知道，不是成为"问题化解高手"才有价值，你的存在本身就是有价值的。此外，如果孩子在需要你的时候能随时找到你，即使你不是一直守在他们身边，他们也会更愿意在遇到问题时来找你。这种时候，他们会倾听并更愿意接受你的建议。

没有一套简单的规则或技巧能适用于所有情况，即使它们以前经常奏效。环境会改变，沟通方式会改变，随着年龄的增长，孩子的反应也会不同。这意味着我们每个人都会不断犯错。有些错误甚至会让我们感到后怕，当回想过往时，我们会希望自己从来没有那样做过，或者不敢相信我们真的那样做过。

这种情况在很大程度上可以通过不那么用力过度来避免。孩子们一般都知道你是爱他们、关心他们的。没有必要把自己塞进他们所做的每一件事情中，也没有必要为了博得他们的喜欢或弥补你认为自己在整个养育过程或在他们生活中的不足而试图成为超级父母。只要在适当的时候陪伴和参与就足够了。

秘诀在于付出时间、承诺和坚持不懈。

健康养育的处方

当你的第一个孩子出生后，你将面临一个又一个选择，你是否做出了正确的选择并不容易判断，更不用说为你的孩子做出最好的选择了，因为你还在一天天地了解他。但是有一些基本的原则可以遵循，这些规范准则会帮助你做出正确的选择。

1. 对待孩子，把时间放在金钱之前。
2. 在分享你的期望之前先倾听他们的愿望。支持他们的兴趣，而不是你的兴趣。如果他们最终不喜欢做某件事，让他们自己决定。
3. 让孩子经历失败，从他们第一次在操场上摔倒开始。他们需要尽早认识到，生活中充满了磕磕碰碰，而他们有能力克服这些困难。记住：孩子越小＝问题越小；孩子越大＝问题越大。
4. 和孩子一起学习如何从错误中吸取教训。错误往往是机会，可以培养积极解决问题的能力。
5. 让他们为自己的创作感到自豪，即使你认为他们本应该"做得更好"。这是他们的科学展。你也曾经有过你的。
6. 大多数情况下，让孩子自己挑选朋友。这可以培养他们的情商和社交意识。
7. 鼓励孩子直接与自己的老师打交道。谈判是孩子需要培养的一项基本技能，也是一项持续的技能。
8. 不要给孩子的日程安排得过满。他们需要时间反思，因为即使你没有意识到，生活对他们来说也是瞬息万变的。
9. 拥抱无事可做的自由时间。这是你们的亲子时光，谁的日程上都没有任何安排！
10. 放手。

塔巴茨基档案中的一个警示故事

要是你的孩子跟我一样，4岁时觉得自己是超人，从楼梯上往下飞，结果摔断了锁骨（到现在下雨天还会疼），该怎么办？我的父母应该怎么做才能避免这种情况发生？他们能做什么来熄灭我的想象力？把我锁在房间里？我想我得怪他们当初让我看《超人》电视剧。我也可以怪我妈妈把一块擦碗布用安全别针别在我的背上当披风。作为一个天真无邪的孩子，这两种纵容显然让我容易去寻求冒险，也容易受到这种追求的反面影响。孩子不应该遭受这样的对待，对吧？天哪，我父母到底怎么了？他们难道不知道这个世界有多危险，尤其是我们自己家里？乔治？你在吗？我觉得我需要帮助。我觉得我应该重新审视我的童年，弄清楚我和我父母之间到底发生了什么。或者也许是我妹妹，也许她把我推下楼梯只是想看看会发生什么。好吧，我来告诉你发生了什么。我明白了风险是怎么回事，它包含着痛苦和快乐，最重要的是——它意味着生活就是如此！我应该感谢我的父母。我不需要心理治疗。我只需要记住整个事件的价值，然后继续我的生活。我甚至可能会买一件超人 T 恤，然后和我妹妹一起去跳伞。

居家爸爸的涓滴效应[一]

如果父亲们能更多地休陪产假（这在美国正逐渐成为一种日益普遍的现象），过度养育就会减少。我们只是提出这样的建议，因为从逻辑上讲，当男性使用他们的陪产假时，可能会发生三种情况：

[一] 经济学术语。指在经济发展过程中并不给予贫困阶层、弱势群体或贫困地区特别的优待，而是由优先发展起来的群体或地区通过消费、就业等方面惠及贫困阶层或地区，带动其发展和富裕，从而更好地促进经济增长。——译者注

1. 父亲在照顾孩子、家务和日常维护方面变得更加投入和积极。他们甚至可能逐渐培养出一种除了体育或财务之外的爱好。
2. 这样，母亲就有机会更多地投入到她们的事业中，以及做一些在父亲参与家务和照顾孩子之前没有时间做的其他事情。她们不一定会有新的生活，但她们会提升已有的生活质量。
3. 孩子从父母双方身上得到了最好的一面，因为他们每个人都更加放松，更少焦虑，并由衷感激这种新的家庭动态。

每个人都是赢家。

然而，并不是每个人都能在新生儿出生时享受到休假的好处。《家庭与医疗休假法案》（Family and Medical Leave Act）已经实施了很长时间，保证在大中型工作场所工作的新手妈妈和新手爸爸可以享受长达 12 周的无薪假期。2002 年，加利福尼亚州成为第一个保障新手父母 6 周带薪休假的州，罗得岛州和新泽西州随后也通过了各自版本的法律。硅谷的一些科技巨头甚至变得更加慷慨。Google 和 Yahoo 分别为男性提供 7 周和 8 周的带薪假期，而 Reddit 和 Facebook 则将这一数字提高到了 17 周。[5]

当男性花时间在家照顾孩子，让女性有更多时间工作时，这对经济更有利，因为如果有更多女性在劳动大军中保持重要地位，公司就能更有效地运作，女性也能继续在公司结构中发挥作用。

俄勒冈大学的社会学家斯科特·科尔特兰（Scott Coltrane）指出，当男性分担"日常的重复性家务"时，女性会觉得自己受到了公平对待，也就不那么容易抑郁。[6]

当这种情况发生时，当父母的压力减少、焦虑减少，对经常不在家产生的内疚感减少时，常识告诉我们，他们会成为更好的父母。之所以会这样的主要原因是他们不会给自己或孩子施加过大的压力。因此，他们也不太容易过度补偿、过度参与和过度养育。总之，他们会在家庭和孩子之外拥有自己的生活。

孩子们真正希望父母对他们做什么

如果你问一个普通的小学班级里的孩子们，他们最希望从父母那里得到什么，他们的回答可能会让你大吃一惊。[7]即使我们生活在一个物质世界里，大多数孩子也没有选择平板电脑、游戏机和最新款的流行鞋子。相反，他们明显更希望父母在身边，关注他们，并在他们需要时提供帮助。这些事情让他们感到安全、安心和被爱，也是人类基本的普遍需求的"三大要素"。可以肯定的是，这一点一直以来就未曾改变过。

当然，孩子们喜欢礼物。我们所有人都喜欢。但礼物通常只在生日和特殊节日出现，这就足够了。孩子们也需要那些平时接触不到的事物，他们享受自己喜欢的美食，想要父母开车带他们去各种地方，但说到底，实际上，他们最想要的是父母有时间且愿意陪他们一起玩。

那么为什么却有这么多父母坚信，除非自己忙得团团转，把孩子从一个活动赶到另一个活动，否则自己就不是好家长，还担心孩子会错过人生发展中至关重要的东西呢？

小孩子最喜欢的是父母和他们依偎在一起读书、讲故事。当关上灯，你们能一起分享梦想和恐惧时，这种时光就更美好了。这种亲密的时光是电视节目永远无法比拟的。如果你不止一个孩子，尽量抽出时间为每个孩子都安排一对一相处的时间。

随着孩子年龄的增长，晚餐时的交谈会变得非常温馨，尤其是如果话题不局限于学校生活。这也是父母可以适当放宽对孩子的管束，让他们在户外玩耍的时候。这不仅令孩子感到兴奋，也让他们感到自由！

几乎在任何年龄段（除了可怕的 2 岁），孩子实际上都希望有规矩，当你制定规则并公平执行时，你就是在表达真正的爱与关怀。当孩子没有规则和限制时，他们往往会自己制定一些，而这些规则往往比父母制定的还要严格。

在孩子上中学之前，大多数孩子都喜欢父母在他们的书包和午餐盒里藏小纸条。但当孩子进入青春期时，你可能要停止这种做法，因为这种爱可能会变得过于强烈。不过当孩子去上大学时，他们又会重新喜欢上这种惊喜包裹。

我们有时是不是忘了，孩子其实很聪明，而且这种聪明往往是我们毫无察觉的，甚至可能违背我们的意愿？我们应该多听听他们的想法，看看能从他们身上学到什么，只要我们愿意倾听他们说话。

那句老话"孩子让你保持年轻"不仅仅是因为你得追着他们跑，还因为他们能给你带来新鲜的想法、看待事物的新视角，还有你从未考虑过的处理问题的替代方法。由于你总是墨守成规，有时会忘记生活可以有不同的应对方式。

养育悖论

毕业于加利福尼亚州神学院的鲍勃·穆尔黑德（Bob Moorehead）博士曾是华盛顿州雷德蒙德市奥弗莱克基督教会（Overlake Christian Church）的牧师。他说，我们的社会在不断进步，有了更高的建筑、更快的飞机以及数不清的便利设施，但作为个体，我们或许过得不如从前快乐。

如今的父母很容易被卷入各种活动的旋涡，一心想着让孩子接触世界，让他们为成功做好准备。但代价是什么？当我们教会孩子如何谋生时，我们是否也给了他们过上美好、充满爱的生活的工具？我们能把人送上月球，却不能满足好自己在家的精神需求吗？随着生活节奏的加快，我们教给孩子什么，能让他们放慢脚步，欣赏眼前的一切？比如，快餐方便快捷，但没有什么能比得上家里精心烹制、饱含爱意的慢炖佳肴。而且，身陷纷繁忙碌的生活中，我们都可能选择发电子邮件或短信给朋友或家人，从而放弃了本可以亲密交流的电话时刻，甚至错失了宝贵的面对面相聚的时刻。

最重要的是，在生活节奏似乎越来越快的情况下，父母面临着放手让孩子自己去探索事物的挑战，在成长的过程中，经历一些失败也是在所难免的。

那么，我们该如何应对这种养育的悖论呢？

D.H. 劳伦斯（D. H. Lawrence）早在 1918 年就给出了明智的建议："如何开始教育子女。第一条原则是——不要管他。第二条原则是——不要管他。第三条原则是——不要管他。这就是全部的开端。"[8]

最后，用卢克·天行者（Luke Skywalker）的话祝福你，"愿原力与你同在"。

致 谢

我们要感谢天马（Skyhorse）出版社的编辑 Joseph Sverchek 和我们的经纪人 Francine Edelman，是他们鼓励我们承担这个项目。感谢 James Racheff 的辛勤研究和行政帮助。

感谢所有为本书贡献了宝贵见解和故事的教师、行政人员和学校领导。我们深深感激那些在全美各地致力于儿童和青少年教育，并与家长进行互动和传授知识的教育工作者。

我们要特别感谢得克萨斯州休斯敦市的一些朋友，他们的贡献非常宝贵：高中部负责人 Lue Bishop 博士，埃默里韦纳学校（Emery Weiner School）的升学辅导主任 Lyn Slaughter 女士、教导主任 Elaine Eichelberger、校长 Deborah Whalen、指导主任 Debbie Skelly，圣阿格尼丝学校（St. Agnes School）的教务主任 Kim Scoville 以及维尼角幼儿园（Pooh Corner Preschool）园长

Helen Vietor 女士，在本书英文版问世时，她担任该园园长已逾六十多年。

在此，我们还要特别感谢以匿名和非正式方式与我们交谈的教育专业人士、发展专家和家长。他们的观点和视角对本书的撰写大有裨益。其中包括 Sam、Alicia 和 Danny、Mo 和 Bette、Dan 和 Angel、Joan、Mimi 和 Cindy、Diane、Jane、Samantha、Sylvia、Chris、Ingrid、Norris、Simon 和 Dee、Melody 和 Bill、Benjy、Cynthia、Morgan、Ben、Tabitha、Ray、Brian、Claudia、Kevin、Meg、Robert、Vicky、Jessica 和 Crystal、Ritu、Sanji、Priti、Allison、Suzi、Karen、Molly、Brando 女士、Trent、Kim、Igarashi、Jamie、Larry、Luanne、Lauren 和 Crissy、Paul。

乔治·S. 格拉斯

我要感谢我的妻子 Donna Glass，她允许我在做好精神科医生日常工作的同时，将本是用来陪伴她和家人的时间与精力投入到这本书的写作中。我还要感谢我的五个孩子和四个孙子孙女，虽然他们很早就试图教育我，让我认识到自己作为直升机父母的失败之处，但他们仍然愿意与我交流。我要特别感谢我们的女儿 Rebecca Robinson 和她的高中同学 Grace Ebaugh，她们愿意与我们分享自己作为子女和家长的共同经历及个人经历。

最后，我要感谢我的几位心理健康领域的同行，包括 Joan Anderson 博士、Jean Guez 博士、Morton Katz 博士和 Milton Altschuler 医学博士，他们为我提供了持续的帮助和支持。

戴维·塔巴茨基

我要感谢乔治·格拉斯的友情、美德和鼓励,也感谢唐娜一贯的热情款待。

感谢 Mark Banschick 博士,他与我合著了《明智的离婚》(The Intelligent Divorce)一书,感谢他不吝赐教和持续的支持。感谢卡尔霍恩学校(The Calhoun School)的家长和教育工作者提供的帮助。

最后,感谢我的孩子们,Max 和 Stella,他们亲身告诉我——有时非常详细地告诉我——什么是过度养育。

术语表

直升机父母

无论孩子多大,都忍不住时刻盯着孩子的父母。

黑鹰父母

处于攻击模式的直升机父母,他们会不惜一切代价确保孩子成功,而不顾及对他人造成的后果。(与"啦啦队长"是"近亲"。)

卫星父母

只从远处遥控的直升机父母,比如通过手机和视频监控。

脆皮孩子或烤三明治

到大学时就已经精疲力竭的孩子。

冰壶父母（在斯堪的纳维亚和欧洲其他一些地区使用）
为孩子扫除障碍的父母。

超级父母
喜欢给孩子安排过多活动的父母。

割草机父母（又名"扫雪机父母"）
试图改造环境以更好地适应自己孩子的父母。

家长保安
大学雇用并培训了一批学生，负责将试图参加自己孩子课程和活动的成年人劝离。

窒息式育儿
这真的需要解释吗？

足球妈妈
过度参与孩子生活的母亲，以至于常常忘记自己的生活。

隐形父母
虽然在场但不露面，仍在干涉孩子生活的父母。

潜水艇父母
破坏孩子发展的父母。

茶杯孩子
没有父母帮助就无法正常生活的孩子。

注　释

引言

1　Jennifer Finney Boylan, "The Risk Pool," in Op-Ed, *The New York Times*, August 27, 2013.

第1章　你是否正在过度养育

1　Madaline Levine, "Raising Successful Children," Sunday Review; The Opinion Pages, *The New York Times*, August 5, 2012.

第2章　为什么21世纪的养育如此艰难

1　Susan Guibert, "Research shows child rearing practices of distant ancestors foster morality and compassion in kids," University of Notre Dame, *Notre Dame News*, September 17, 2010.

2　Robert Francis Harper, ed. "Some Babylonian Laws" in *Assyrian and Bablonian Literature*, William Muss-Arnolt, tran. (New York, D.Appleton and Company, 1904).

3   J. B. Watson, *Psychological Care of Infant and Child* (New York: W. W. Norton & Co., 1928).
4   A. S. Neil, *Summerhill: A Radical Approach to Child Rearing* (New York: Hart Publishing Company, 1960).
5   *Summerhill: A Radical Approach.*
6   Diana Baumrind, "Effects of Authoritarian Parental Control on Child Behavior," *Child Development*, No. 37 (1968), 887-907.
7   Suzanne M. Bianchi, John P. Robinson, Melissa A. Milke, *The Changing Rhythms of American Family Life* (New York, Russell Sage Foundation, 2006).
8   Diana Baumrind, "Effects of Authoritarian Parental Control on Child Behavior," *Child Development*, 37 (1968), 887-907.
9   "N.Y. school bans balls at recess, cracks down on tag games over safety fears," Ryan Jaslow, *CBS News* (New York: WCBS, October 8, 2013).
10 Nancy Gibbs, "The Growing Backlash Against Overparenting," *Time*, (November 30, 2009).

第3章 过度养育是如何发生的

1   Cristen Conger, "5 Signs of Overparenting," (June 21, 2014).
2   Magid, Larry, "Is Taser Guilty of Over-Parenting?" *CBS News*, January 13, 2010. (April 17, 2012).
3   Brett Singer, "Apps for Paranoid Parents," January 20, 2012 (April 17, 2012).
4   Nick Gillespie, "Stop Panicking About Bullies," *Wall Street Journal*, (April 2, 2012).
5   Ata Johnson, "The Professional Kid—Too Big To Fail?", TheRockmomblog, (January 16, 2013).
6   Carl Honoré, *Under Pressure: Rescuing Our Children from the Culture of Hyper-Parenting* (New York: HarperOne Reprint

Edition, 2009).
7   Dylan Matthews, "The key to evaluating teachers: Ask kids what they think," *wonkblog*, (February 23, 2013).
8   George Carlin, *You Are All Diseased*, Atlantic Records, released May 18, 1999.
9   "Drawbacks of Overprotective Parents".
10 Ata Johnson, "The Professional Kid—Too Big To Fail?", *TheRockmomblog*, (January 16, 2013) .
11 P. Solomon Banda, "Aggressive Parents Force Colorado Egg Hunt Cancellation," (March 26, 2012).
12 "Get families talking about separating".
13 Stephen T. Asma, *Against Fairness*, (Chicago, IL: University of Chicago Press, 2012).

第4章 孩子的苦与乐

1   "Survey of high school athletes: 2006," Josephson Institute Center for Sports Ethics," (2006).
2   Michael De Groot, "Gotta have: Are smartphones a need or just a want?" *Deseret News*, National Edition, October 16, 2013.
3   Louis C.K., September 23, 2013, "Conan", TBS.
4   Howard P. Chudacoff, *Children at Play: An American History*, (New York and London: New York University Press, 2007).
5   Peter Gray, "The Play Deficit: Children today are cossetted and pressured in equal measure. Without the freedom to play they will never grow up," *Aeon Magazine* (September 18, 2013).
6   Lizette Alvarez, "Felony Counts for 2 in Suicide of Bullied 12-Year-Old," *The New York Times*, October 16, 2013.
7   "Poor parenting – including overprotection – increases bullying risk, study of 200,000 children shows", *Warwick News and Events*.

8　Catherine Saint Louis, "Effects of Bullying Last into Adulthood, Study Finds", *The New York Times*, February 21, 2013, page A15.
9　William E. Copeland, Dieter Wolke, Adrian Angold, E. Jane Costello, "Adult Psychiatric Outcomes of Bullying and Being Bullied by Peers in Childhood and Adolescence", *JAMA Psychiatry*.
10　Amanda Ripley, "The Case Against High School Sports", *The Atlantic*, October 2013.
11　Amanda Ripley, "The Case Against High School Sports", *The Atlantic*, October 2013.
12　"The Case Against High School Sports."
13　*Honey Grove Preservation League.*
14　"The Case Against High School Sports."
15　Diana Nyad, "Views of Sport; How Illiteracy Makes Athletes Run," *The New York Times*, May 28, 1989.
16　"Is Your Child Ready for Sports? (Care of the Young Athlete)," *American Academy of Pediatrics, Patient Education Online.*
17　Amanda Williams, "Pressure on Kids in Sports," *Live Strong Foundation*, (updated October 21, 2013).

第5章　过度养育如何影响孩子和你自己

1　Doan Bui, "From China to France to America, a Backlash Against Overparenting," (January 24, 2013).
2　Jakob Asplund, "Overprotective parenting a growing worldwide problem," *Hard News Café*, Logan Library (December 12, 2010).
3　"Overprotective parenting a growing worldwide problem."
4　Katherine Ozment, "Welcome to the Age of Overparenting", *Boston Magazine*, December 2011.
5　Steve Baskin, "The Gift of Failure," *Psychology Today* (December 31, 2011).

6   Nathaniel Branden, *The Psychology of Self-Esteem: A Revolutionary Approach to Self-Understanding that Launched a New Era in Modern Psychology*, (New York: Tarcher, 1969).
7   "5 Signs of Overparenting."
8   Lori Gottleib, "How to Land Your Kid in Therapy", *The Atlantic*, July 2011.
9   Peter Gray, "The Decline of Play and the Rise of Psychopathology in Children and Adolescents," *American Journal of Play*, Volume 3, Number 4, Spring (2011).
10 Sandra L. Hofferth, "Changes in American children's time – 1997 to 2003," *PubMed Central (PMC), Electronic International Journal of Time Use Research*. Author manuscript; available in *PMC*, September 15, 2010, published in final edited form as: *Electronic International Journal of Time Use Research*. January 1, 2009; 6(1): 26–47.
11 Jamie Hale, "Interview with Margarita Tartakovsky," *World of Psychology Blog*, (February 8, 2012).
12 Bruno Bettelheim, "The Importance of Play," *The Atlantic Monthly*, March 1987.
13 "Welcome to the Age of Overparenting."
14 "Anxiety Disorders in Children".
15 Vanessa van Petten, "10 Qualities of Teacup Parenting: Is Your Kid Too Fragile?", *Radical Parenting* (June 19, 2008).
16 Wendy Mogel, "The Dark Side of Parental Devotion: How Camp Can Let the Sun Shine," *Camping Magazine* (2006: January/February).
17 "10 Qualities of Teacup Parenting."
18 "The Dark Side of Parental Devotion."
19 "The Dark Side of Parental Devotion."

第6章 过度养育的"长臂"

1. Nick Gillespie, "Stop Panicking About Bullies," *Wall Street Journal*.
2. "Overprotective parenting a growing worldwide problem."
3. "Overprotective parenting a growing worldwide problem."
4. "Overprotective parenting a growing worldwide problem."
5. Simon Cheung, "Wary parents hire private eye for kids", *South China Morning Post*, June 11, 2012.
6. "Wary parents hire private eye for kids."
7. Jalelah Abu Bakar, "More parents hiring private eyes to check on their kids," *The Straits Times*, October 16, 2013.
8. Sean Thompson, "Sleuths track rowdy teens – parents keep an eye on schoolies," *The Daily Telegraph*, page 15, November 30, 2013.
9. Fred Weir, "Russian parents make no apologies for being 'hyperprotective'," *The Christian Science Monitor*, May 22, 2013.
10. "Russian parents make no apologies for being 'hyperprotective'."
11. Stephanie Pappas, "'Tiger Mom' & Her Critics Both Right, Study Finds," *Livescience*, January 22, 2013.
12. "'Tiger Mom' & Her Critics Both Right, Study Finds."
13. Barabra Liston, "Many U.S. baby boomer mums support grown kids – poll," *Reuters, Edition UK*, April 15, 2011.
14. Lenore Skenazy, "Why I'm Raising Free-Range Kids," the Blog, *Huffington Post* (New York), U.S. Edition, June 24, 2009.

第7章 向前看并学会放手

1. "Overparenting trend worries psychologists," Queensland University of Technology, *Medical Xpress* (January 15, 2013).
2. Pilar Onatra, "Over parenting: When caring too much becomes harmful," *BC Council for Families*, February 14, 2014.
3. Victoria Clayton, Stuart Fischbein, Joyce Weckl, *"Fearless*

Pregnancy: Wisdom and Reassurance from a Doctor, a Midwife and a Mom," (Beverly, MA: Fair Winds Press, 2004).

4　Victoria Clayton, "Overparenting: When good intentions go too far, kids can suffer", (December 7, 2004).

5　Liza Mundy, "Daddy Track: The Case for Paternity Leave,"*The Atlantic*, January/February 2014.

6　"Daddy Track: The Case for Paternity Leave."

7　Erin Kurt, "The Top 10 Things Children Really Want Their Parents To Do With Them".

8　D. H. Lawrence, "Education of the People" essay, *Times Educational Supplement* (circa 1918).

儿童期

《自驱型成长：如何科学有效地培养孩子的自律》
作者：[美] 威廉·斯蒂克斯鲁德 等　译者：叶壮

樊登读书解读，当代父母的科学教养参考书。所有父母都希望自己的孩子能够取得成功，唯有孩子的自主动机，才能使这种愿望成真

《聪明却混乱的孩子：利用"执行技能训练"提升孩子学习力和专注力》
作者：[美] 佩格·道森 等　译者：王正林

聪明却混乱的孩子缺乏一种关键能力——执行技能，它决定了孩子的学习力、专注力和行动力。通过执行技能训练计划，提升孩子的执行技能，不但可以提高他的学习成绩，还能为其青春期和成年期的独立生活打下良好基础。美国学校心理学家协会终身成就奖得主作品，促进孩子关键期大脑发育，造就聪明又专注的孩子

《有条理的孩子更成功：如何让孩子学会整理物品、管理时间和制订计划》
作者：[美] 理查德·加拉格尔　译者：王正林

管好自己的物品和时间，是孩子学业成功的重要影响因素。孩子难以保持整洁有序，并非"懒惰"或"缺乏学生品德"，而是缺乏相应的技能。本书由纽约大学三位儿童临床心理学家共同撰写，主要针对父母，帮助他们成为孩子的培训教练，向孩子传授保持整洁有序的技能

《边游戏，边成长：科学管理，让电子游戏为孩子助力》
作者：叶壮

探索电子游戏可能给孩子带来的成长红利；了解科学实用的电子游戏管理方案；解决因电子游戏引发的亲子冲突；学会选择对孩子有益的优质游戏

《超实用儿童心理学：儿童心理和行为背后的真相》
作者：托德老师

喜马拉雅爆款育儿课程精华，包含儿童语言、认知、个性、情绪、行为、社交六大模块，精益父母、老师的实操手册；3年内改变了300万个家庭对儿童心理学的认知；中南大学临床心理学博士、国内知名儿童心理专家托德老师新作

更多>>>　《正念亲子游戏：让孩子更专注、更聪明、更友善的60个游戏》作者：[美] 苏珊·凯瑟·葛凌兰　译者：周玥 朱莉
　　　　《正念亲子游戏卡》作者：[美] 苏珊·凯瑟·葛凌兰 等　译者：周玥 朱莉
　　　　《女孩养育指南：心理学家给父母的12条建议》作者：[美] 凯蒂·赫尔利 等　译者：赵菁

青春期

《欢迎来到青春期：9~18岁孩子正向教养指南》
作者：[美] 卡尔·皮克哈特　译者：凌春秀

一份专门为从青春期到成年这段艰难旅程绘制的简明地图；从比较积极正面的角度告诉父母这个时期的重要性、关键性和独特性，为父母提供了青春期4个阶段常见问题的有效解决方法

《女孩，你已足够好：如何帮助被"好"标准困住的女孩》
作者：[美] 蕾切尔·西蒙斯　译者：汪幼枫 陈舒

过度的自我苛责正在伤害女孩，她们内心既焦虑又不知所措，永远觉得自己不够好。任何女孩和女孩父母的必读书。让女孩自由活出自己、不被定义

《青少年心理学（原书第10版）》
作者：[美] 劳伦斯·斯坦伯格　译者：梁君英 董策 王宇

本书是研究青少年的心理学名著。在美国有47个州、280多所学校采用该书作为教材，其中包括康奈尔、威斯康星等著名高校。在这本令人信服的教材中，世界闻名的青少年研究专家劳伦斯·斯坦伯格以清晰、易懂的写作风格，展现了对青春期的科学研究

《青春期心理学：青少年的成长、发展和面临的问题（原书第14版）》
作者：[美] 金·盖尔·多金　译者：王晓丽 周晓平

青春期心理学领域经典著作
自1975年出版以来，不断再版，畅销不衰
已成为青春期心理学相关图书的参考标准

《为什么家庭会生病》
作者：陈发展

知名家庭治疗师陈发展博士作品